MÉTODOS NUMÉRICOS EM EQUAÇÕES DIFERENCIAIS

MÉTODOS NUMÉRICOS EM EQUAÇÕES DIFERENCIAIS

Marina Vargas

Rua Clara Vendramin, 58 – Mossunguê
CEP 81200-170 – Curitiba – PR – Brasil
Fone: (41) 2106-4170
www.intersaberes.com
editora@editoraintersaberes.com.br

Conselho editorial
Dr. Ivo José Both (presidente)
Dr.ª Elena Godoy
Dr. Neri dos Santos
Dr. Ulf Gregor Baranow

Editora-chefe
Lindsay Azambuja

Gerente editorial
Ariadne Nunes Wenger

Assistente editorial
Daniela Viroli Pereira Pinto

Preparação de originais
Fabrícia E. de Souza

Edição de texto
Arte e Texto Edição e Revisão de Textos
Guilherme Conde Moura Pereira

Capa e projeto gráfico
Sílvio Gabriel Spannenberg

Adaptação do projeto gráfico
Kátia Priscila Irokawa

Diagramação
Ensinar digital

Equipe de design
Sílvio Gabriel Spannenberg
Iná Trigo

Iconografia
Regina Cláudia Cruz Prestes

Dados Internacionais de Catalogação na Publicação (CIP)
(Câmara Brasileira do Livro, SP, Brasil)

Vargas, Marina
   Métodos numéricos em equações diferenciais/Marina Vargas. Curitiba: InterSaberes, 2021.

   Bibliografia.
   ISBN 978-65-5517-843-2

1. Equações diferenciais 2. Matemática I. Título.

20-47880   CDD-515.35

Índices para catálogo sistemático:
1. Equações diferenciais: Matemática   515.35

   Maria Alice Ferreira – Bibliotecária – CRB-8/7964

1ª edição, 2021.
Foi feito o depósito legal.

Informamos que é de inteira responsabilidade da autora a emissão de conceitos.

Nenhuma parte desta publicação poderá ser reproduzida por qualquer meio ou forma sem a prévia autorização da Editora InterSaberes.

A violação dos direitos autorais é crime estabelecido na Lei n. 9.610/1998 e punido pelo art. 184 do Código Penal.

Sumário

11 *Apresentação*

12 *Como aproveitar ao máximo este livro*

17 **Capítulo 1 – Métodos de passos simples**
18 1.1 Definição de problema de valor inicial – PVI (problema de Cauchy)
22 1.2 Método de Euler
29 1.3 Métodos de Taylor de ordem superior
32 1.4 Métodos de Runge-Kutta
50 1.5 Análise do erro

59 **Capítulo 2 – Métodos de passos múltiplos**
60 2.1 Método de Adams-Bashforth (MAB)
65 2.2 Método de Adams-Moulton (MAM)
69 2.3 Métodos preditores-corretores
73 2.4 Métodos de extrapolação

83 **Capítulo 3 – Métodos para equações diferenciais de ordem superior e sistemas de equações diferenciais**
83 3.1 EDO de ordem superior e sistema de equações diferenciais associado
90 3.2 Equações diferenciais rígidas

103 **Capítulo 4 – Teoria elementar do problema de valor de contorno (PVC)**
103 4.1 Formalização matemática
104 4.2 Método do disparo
105 4.3 Método de diferenças finitas
110 4.4 Método dos resíduos ponderados
111 4.5 Método de Rayleigh-Ritz

125 **Capítulo 5 – Discretização de equações diferenciais parciais (EDPs)**
125 5.1 Classificação das EDPs
127 5.2 Método das diferenças finitas aplicado a equações elípticas
129 5.3 Método das diferenças finitas aplicado a equações parabólicas
132 5.4 Método das diferenças finitas aplicado a equações hiperbólicas
132 5.5 Introdução ao método dos elementos finitos (MEF) aplicado à solução de EDPs

149 **Capítulo 6 – Sistemas autônomos**
149 6.1 Definição
152 6.2 Interpretação
152 6.3 Soluções de um sistema autônomo plano
153 6.4 Sistema autônomo linear
154 6.5 Autovalores, autovetores e uma breve revisão de conceitos
154 6.6 Classificação e interpretação geométrica das formas de estabilidade
158 6.7 Linearização de um sistema não linear
159 6.8 Análise de estabilidade de um sistema não linear

166 *Considerações finais*

167 *Referências*

170 *Bibliografia comentada*

175 *Respostas*

176 *Sobre a autora*

Para Marco, Laura, Manuela e Nicolas. Meus pilares.

Agradecimentos

Agradeço ao convite do professor Paulo Martinelli, que me deu a oportunidade de escrever sobre um tema que tanto me agrada.

Agradeço também ao professor Zaudir dal Cotivo, pela indicação e pela confiança.

Agradeço imensamente ao amigo Paulo de Oliveira Weinhardt, pela ajuda no texto e pela valiosa experiência.

E, claro e sempre em primeiro lugar, agradeço a minha família. Ao meu marido, pois, sem o seu apoio, esse projeto não seria possível. Aos meus filhos, por entenderem minha ausência e acreditarem que é por uma boa causa. Aos meus pais, irmã, sogros, cunhada e cunhados, pelo apoio afetivo que é tão importante nos momentos de cansaço ou quando desacreditamos na nossa capacidade.

Agradeço, por fim, mas não menos importante, aos meus amigos tão queridos, que participam da minha vida de diversas maneiras, seja com palavras de força, de carinho, de respeito e de admiração, seja também discordando e me fazendo repensar e, com isso, crescer, enxergando que a vida pode ter muitas óticas.

A todos, muito obrigada.

Epígrafe

"Acho que raramente é sobre o que você realmente aprende em sala de aula, mas principalmente sobre coisas que você permanece motivado a seguir e continua a fazer por conta própria."[1]

Maryam Mirzakhani (2014, tradução nossa)

---

[1] "I think it's rarely about what you actually learn in class it's mostly about things that you stay motivated to go and continue to do on your own" (Maryam Mirzakhani, 2014).

Apresentação

Equações diferenciais têm um papel central na descrição matemática dos fenômenos físicos ao nosso redor. São equações que relacionam variáveis de interesse com suas taxas de variação por meio do conceito de derivação.

Apesar de sua grande aplicabilidade para modelar fenômenos, possibilitando o estudo destes, a solução analítica de equações é, em certos casos, um desafio. Esse desafio começa com o questionamento se há de fato soluções para o problema em estudo e qual seria a natureza dessa solução, para só então buscar encontrar uma função que satisfaça o equacionamento.

Uma alternativa à obtenção analítica de soluções para equações diferenciais é a solução numérica. Métodos numéricos de solução visam aproximar uma resposta para o problema por meio de simplificações, como o relaxamento dos operadores diferenciais, a discretização do domínio contínuo, o uso de técnicas de projeção e outras estratégias.

Historicamente, o desenvolvimento de trabalhos em métodos numéricos para solução de equações diferenciais teve início com Isaac Newton (1643-1729) e Gottfried Wilhelm Leibniz (1643-1716) e com o próprio desenvolvimento do cálculo diferencial e integral. Mas foi com Leonhard Euler (1707-1783), no século XVIII, que foi possível um maior avanço nessa área. Como veremos mais adiante, Euler desenvolveu um processo iterativo que permite determinar, de forma aproximada, a solução de um problema de valor inicial (PVI) num determinado ponto.

Nessa trajetória, outros nomes importantes apareceram. Augustine Cauchy (1789-1857), em 1824, demonstrou de forma rigorosa que, de fato, o processo iterativo indicado por Euler solucionava um PVI. Esse resultado de Cauchy foi, mais tarde, melhorado por Rudolf Lipschitz (1832-1908).

Contudo, foi só no final do século XIX e início do século XX que os métodos numéricos foram reconhecidos como boa técnica para encontrar aproximações para soluções de equações diferenciais. Para que os métodos numéricos se firmassem e se transformassem em ferramenta indispensável de muitas áreas de estudo, foram necessários desenvolvimentos como a teoria do calor, por Jean-Baptiste Joseph Fourier (1768-1830), e a mecânica celeste, por Friedrich Wilhelm Bessel (1784-1846), além dos trabalhos do próprio Cauchy, de Johann Carl Friedrich Gauss (1777-1855), de Edmond Nicolas Laguerre (1834-1886), de Pierre-Simon Laplace (1749-1827), de Adrien-Marie Legendre (1752-1833), de Urbain Jean Joseph Le Verrier (1811-1877), de Jules Henri Poincaré (1854-1912), entre outros.

Por fim, nesta obra veremos quais foram as descobertas e os desenvolvimentos relacionados aos métodos numéricos de muitos desses nomes e traremos exemplos e aplicações atuais na área de equações diferenciais.

Como aproveitar ao máximo este livro

Empregamos nesta obra recursos que visam enriquecer seu aprendizado, facilitar a compreensão dos conteúdos e tornar a leitura mais dinâmica. Conheça a seguir cada uma dessas ferramentas e saiba como elas estão distribuídas no decorrer deste livro para bem aproveitá-las.

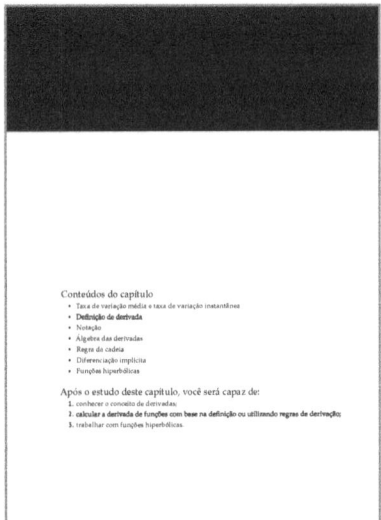

Introdução do capítulo
Logo na abertura do capítulo, informamos os temas de estudo e os objetivos de aprendizagem que serão nele abrangidos, fazendo considerações preliminares sobre as temáticas em foco.

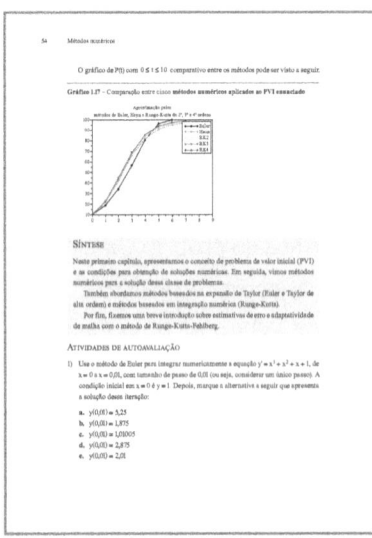

Síntese
Ao final de cada capítulo, relacionamos as principais informações nele abordadas a fim de que você avalie as conclusões a que chegou, confirmando-as ou redefinindo-as.

Atividades de autoavaliação

Apresentamos estas questões objetivas para que você verifique o grau de assimilação dos conceitos examinados, motivando-se a progredir em seus estudos.

Atividades de aprendizagem

Aqui apresentamos questões que aproximam conhecimentos teóricos e práticos a fim de que você analise criticamente determinado assunto.

Bibliografia comentada

Nesta seção, comentamos algumas obras de referência para o estudo dos temas examinados ao longo do livro.

Quando resolvemos uma equação diferencial, em geral encontramos uma família de curvas. Para limitar a solução a uma determinada curva, precisamos impor condições iniciais para o problema. Vejamos.

1
Métodos de passos simples

Exemplo 1.1
Seja a **equação diferencial ordinária (EDO)** de primeira ordem dada por:

$$\frac{du}{dt} = t + 5 \quad \text{(I)}$$

Solução
Podemos resolvê-la integrando ambos os lados da equação I. Dessa forma, obteremos:

$$\int \frac{du}{dt} = \int t + 5 \, dt \Rightarrow u(t) = \frac{t^2}{2} + 5t + k \quad \text{(II)}$$

Em que k é uma constante.

Se fizermos uma imposição em II do tipo $u(0) = 1$, encontraremos o valor para $k = 1$ e, assim, deixaremos de trabalhar com uma família de curvas e passaremos a enxergar apenas uma dessas curvas. Esse problema poderia estar enunciado conforme o exemplo a seguir.

Exemplo 1.2
Seja o **problema de valor inicial (PVI)** dado em III, encontre a solução.

$$\begin{cases} \dfrac{du}{dt} = t + 5 \\ u(0) = 1 \end{cases} \quad \text{(III)}$$

Solução

Gráfico 1.1 – Gráfico para a solução da EDO $\frac{du}{dt} = t + 5$, com condição inicial dada por u(t) = 1

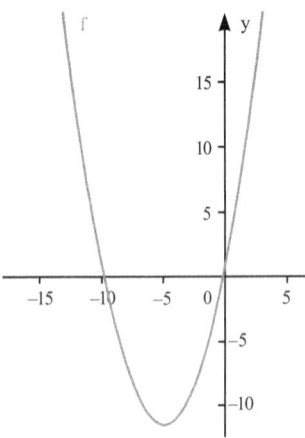

Logo, no contexto de equações diferenciais, PVIs são problemas em que conhecemos o estado inicial de um sistema e cuja evolução é dada em função da própria taxa de variação da função.

Um PVI definido por uma EDO de primeira ordem com condição inicial como a apresentada em III é chamado de *problema de Cauchy* (Figueiredo; Neves, 1997; Butcher; Goodwin, 2008).

1.1 Definição de problema de valor inicial – PVI (problema de Cauchy)

Um PVI ou problema de Cauchy é um problema do tipo:

$$\begin{cases} \dfrac{du}{dt} = f(t, u(t)) \\ u(t_0) = u_0 \end{cases} \quad \text{(IV)}$$

Em que $u: \mathbb{R} \to \mathbb{R}$, $f: \mathbb{R} \times \mathbb{R} \to \mathbb{R}$, $t > t_0$, t_0, u_0, com constantes reais e no qual desejamos encontrar o valor para u(t).

Uma vez enunciado o problema, é natural o questionamento sobre a existência de uma solução. Além disso, admitir uma solução não garante que essa seja única. A unicidade da solução é desejada principalmente nos casos em que há linearidade do operador diferencial, pois a existência de uma segunda solução geraria infinitas soluções por meio de combinações lineares. Com isso, devemos questionar se a solução admitida para o problema é única.

Por fim, é importante haver uma relação contínua entre os dados de entrada e a saída da função obtida como solução do PVI. Essa questão é traduzida como a regularidade ou a suavidade da função e tem um papel essencial na busca pela própria solução.

Os PVIs que serão trabalhados neste capítulo são chamados de *problemas bem postos*, ou seja, problemas que apresentam solução única e são pouco sensíveis quando fazemos pequenas perturbações nas condições iniciais. Logo, abordaremos como verificar se um PVI tem solução e se esta é única. Além disso, analisaremos a sensibilidade da solução quando temos perturbações nos valores iniciais (condições iniciais).

1.1.1 Caracterização da solução: existência, unicidade e regularidade

O estudo sobre os questionamentos levantados na seção anterior são de grande importância na área de equações diferenciais e justificam pesquisa e investigação mais aprofundada.

Assim, vamos enunciar algumas definições e teoremas que garantem a existência e a unicidade de soluções para um PVI.

Teorema 1.1 – Condição de Lipschitz (Atkinson; Han; Stewart, 2009)
Dizemos que uma função f é Lipschitz contínua num intervalo [a, b] em u se a distância entre as imagens de f nos pontos u e v é limitada por uma constante $k \geq 0$ que multiplica a distância entre os pontos u e v. Ou seja:

$$|f(t, u) - f(u, v)| \leq k|u - v|, \forall t \in [a, b] \qquad \textbf{(V)}$$

Com a condição de Lipschitz apresentada, podemos enunciar o teorema de Picard-Lindelöf para que consigamos garantir a existência e a unicidade de solução num intervalo preestabelecido. Assim, temos o teorema a seguir.

Teorema 1.2 – Teorema de Picard-Lindelöf: existência e unicidade de solução
Se f (t, u) é contínua em t e Lipschitz contínua em u, então o PVI admite solução única em $t \in [a, b]$:

$$\frac{du}{dt} = f(t, u(t))$$
$$u(t_0) = u_0$$

Por fim, temos um terceiro teorema que nos auxilia na prova de que um PVI tem solução e que esta é única. Vejamos.

Teorema 1.3 – Dependência contínua na condição inicial

Se u(t) e v(t) forem soluções do mesmo PVI apenas com condições iniciais distintas, $u(t_0) = u_0$ e $v(t_0) = v_0$, com f(t, u) contínua em *t* e Lipschitz contínua em *u*, então a distância entre as soluções é limitada proporcionalmente à distância entre as condições iniciais por:

$$|u(t) - v(t)| \leq e^{k(t-a)} |u_0 - v_0| \qquad \text{(VI)}$$

Em que *a* é o início do intervalo de validade de *t*.

A demonstração para o **Teorema 1.1 – Condição de Lipschitz** (Atkinson; Han; Stewart, 2009) pode ser encontrada em Lima (2016, p. 240). Já as demonstrações para o **Teorema 1.2 – Teorema de Picard-Lindelöf**: existência e unicidade de solução e para o **Teorema 1.3 – Dependência contínua na condição inicial** podem ser encontradas em Sotomayor Tello (1979, parte A) e Doering e Lopes (2016). Os três teoremas podem ser vistos com suas respectivas demonstrações em Medeiros e Oliveira (2020, p. 24).

Dessa forma, temos todas as condições necessárias e suficientes para analisar um problema de Cauchy (PVI) e garantir a existência e a unicidade de solução.

Exemplo 1.3

Vamos usar o PVI apresentado no Exemplo 1.2:

Seja o problema de valor inicial (PVI) dado em III, encontre a solução.

$$\begin{cases} \dfrac{du}{dt} = t + 5 \\ u(0) = 1 \end{cases} \qquad \text{(III)}$$

Solução

Precisamos verificar a continuidade de f(t, u) e de $\dfrac{\partial f}{\partial t}$ num intervalo aberto *I* que contém *t*.

Seja f(t, u) = t + 5. Logo, sem muito esforço, podemos dizer que é contínua para todo $t \in I$. Agora, seja $\dfrac{\partial f}{\partial t} = 1$. Também verificamos a continuidade para qualquer intervalo aberto *I*. Portanto, existe uma única solução $u: I \to \mathbb{R}$ para o PVI enunciado no Exemplo 1.2.

Em seguida, para todo $t \in [a, b]$, mostre que esse PVI tem solução única.

Vamos escrever o domínio *D* como $D = \{(t, y) \mid a \leq t \leq b, y \in \mathbb{R}\}$ e $f(y) = \dfrac{1}{1 + y^2}$.

Precisamos provar que a função a seguir é limitada em *D*.

$$\left| \dfrac{\partial f}{\partial y}(t, y) \right| = \left| \dfrac{-2y}{(1 + y^2)^2} \right|$$

Para conseguirmos isso, temos que determinar:

$$L = \max_{y \in \mathbb{R}} \left| \frac{-2y}{(1+y^2)^2} \right|.$$

Como $\frac{-2y}{(1+y^2)^2}$ é uma função par, então:

$$L = \max_{y \in \mathbb{R}_0^+} \frac{2y}{(1+y^2)^2}.$$

Chamaremos $\frac{2y}{(1+y^2)^2} = g(y)$. Dessa forma, podemos escrever:

$$g'(y) = 0 \Rightarrow y = \pm \frac{\sqrt{3}}{3}.$$

Portanto, temos:

$$L = \max\left\{ g(0),\ g\left(\frac{\sqrt{3}}{3}\right),\ \lim_{y \to \infty} g(y) \right\} = \max\{0;\ 0.577350269;\ 0\} = 0.577350269$$

Dessa forma, provamos o que queríamos.

Gráfico 1.2 – Gráfico para $g'(y) = \dfrac{2(-3y^2 + 1)}{(1+y^2)^3} = 0$

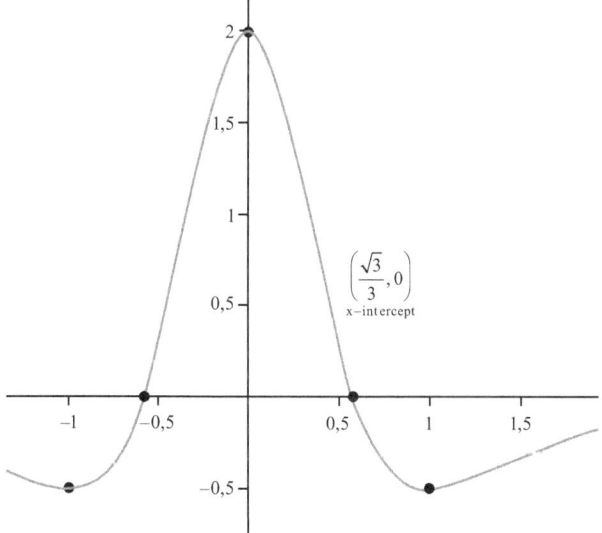

Deste ponto em diante, trabalharemos com a solução numérica para problemas de Cauchy admitindo que estes apresentem **solução única**.

Para o desenvolvimento de muitos métodos que veremos daqui em diante, uma das condições é a de colocarmos o problema de Cauchy, representado pela equação IV, numa forma integral, com a aplicação do **teorema fundamental do cálculo**. Isso só é possível se f(t, u(t)) for contínua. Nesse caso, podemos escrever:

$$u(t) - u(t_0) = \int_{t_0}^{t} f(s, u(s)) ds \qquad \text{(VII)}$$

O primeiro método numérico a ser apresentado talvez seja o método mais simples e mais fácil de ser implementado computacionalmente. No decorrer das seções, veremos como realizar esse tipo de implementação.

1.2 Método de Euler

Começaremos os estudos dos métodos numéricos para PVI com uma exploração do problema enunciado e supondo condições de suavidade e continuidade para garantirmos existência, unicidade e regularidade da solução.

O primeiro método numérico que veremos é o método de Euler com passo constante. Dizemos que a discretização do domínio foi feita com passo constante quando os pontos da malha estão, todos, igualmente espaçados. Mas o que é uma discretização do domínio? E o que são os pontos ou o espaçamento de uma malha?

Esses conceitos serão necessários e repetidos em todos os capítulos deste livro. Seu entendimento é fundamental para prosseguirmos. Vamos lá?

1.2.1 Discretização do domínio

Quando falamos em *malha*, primeiramente precisamos pensar na dimensão do nosso domínio. Dessa forma, se $t \in [a,b]$ em $\mathbb{R}^1$, a representação da nossa malha será unidimensional.

Figura 1.1 – Malha unidimensional para a variável posição

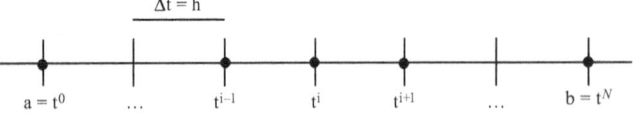

Vejamos a figura anterior, em que deixamos de trabalhar diretamente no domínio contínuo de *t* e passamos a avaliar as funções em pontos discretos do intervalo que definem uma malha de N + 1 pontos de coordenadas:

$$t^i = a + ih$$
Com $i = 0, 1, 2, 3, \ldots, N$ e $h = \Delta t = \dfrac{b-a}{N}$ \hfill **(VIII)**

Ou seja, temos:

$a = t^0$;

$t^1 = t^0 + \Delta t_1$;

$t^2 = t^1 + \Delta t_2$;

$\vdots$

$t^i = t^{i-1} + \Delta t_i$;

$\vdots$

$t_N = t^{N-1} + \Delta t_N = b$

Em que: $\Delta t_1 = \Delta t_2 = \ldots = \Delta t_i = \Delta t = h$.

Essa passa a ser a forma como visualizaremos nossos domínios, e essa divisão realizada no domínio em intervalos (nesse caso, igualmente espaçados) é chamada de ***discretização do domínio***.

Caso estejamos trabalhando com um domínio em $\mathbb{R}^2$, nossa malha será bidimensional.

Figura 1.2 – Malha cartesiana bidimensional com espaçamento constante entre nós

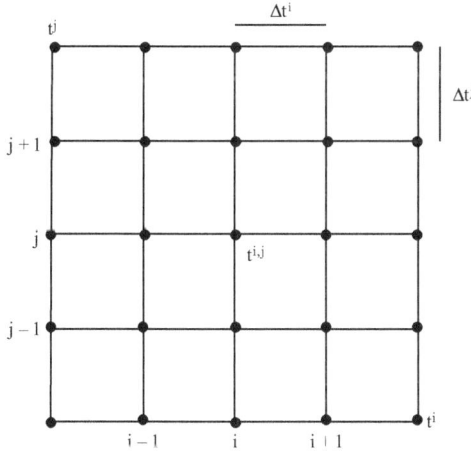

1.2.2 Solução aproximada para um intervalo discreto

Se observarmos a equação diferencial $\dfrac{du}{dt} = f(t, u(t))$ num desses intervalos da malha, poderemos escrever:

$$\int_{u(t^i)}^{u(t^{i+1})} du = \int_{t^i}^{t^{i+1}} f(t, u(t))dt \tag{IX}$$

Isso solucionaria o problema se resolvêssemos a integral à direita da igualdade analiticamente, mas não temos informações suficientes sobre f(t, u(t)), pois a função *f* envolve a própria resposta do PVI.

1.2.3 Aproximação do comportamento da função

Neste caso, a questão central é escolher uma forma de aproximar a integral que envolve f(t, u(t)). Uma primeira estratégia é supormos que, no intervalo $[t^i, t^{i+1}]$, o comportamento de f(t, u(t)) é aproximadamente constante. Intuitivamente, essa aproximação é mais factível à medida que se refina a malha, ou seja, se diminui *h*.

1.2.4 Definição do método de Euler

Com base na aproximação apresentada, podemos escrever:

$$\int_{u(t^i)}^{u(t^{i+1})} du = \int_{t^i}^{t^{i+1}} f(t, u(t))dt$$

$$u(t^{i+1}) - u(t^i) = \int_{t^i}^{t^{i+1}} f(t, u(t))dt = f(t^i, u(t^i))(t^{i+1} - t^i) = hf(t^i, u(t^i)) \tag{X}$$

Dessa forma, podemos isolar $u(t^{i+1})$, obtendo uma forma de calcular sucessivamente a função u(t), o que define o método de Euler.

$$u(t^{i+1}) = u(t^i) + hf(t^i, u(t^i)) \tag{XI}$$

Podemos fazer uma interpretação geométrica que será utilizada posteriormente nos métodos de Runge-Kutta (que veremos mais adiante). Veja a seguir.

Gráfico 1.3 – Interpretação geométrica do método de Euler

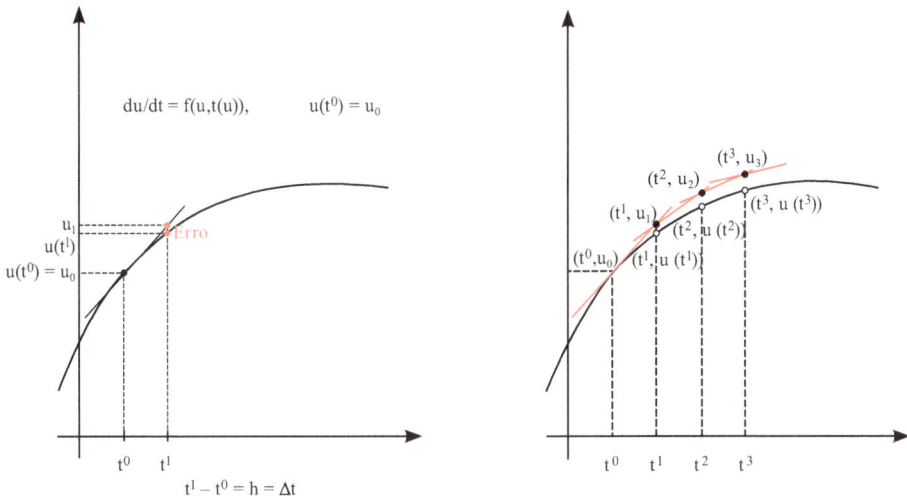

Precisamos calcular a inclinação $k = \tan\alpha$ de forma que consigamos uma aproximação para $u(t^1)$ usando k e $u(t^0)$.

Gráfico 1.4 – Outra representação geométrica do método de Euler

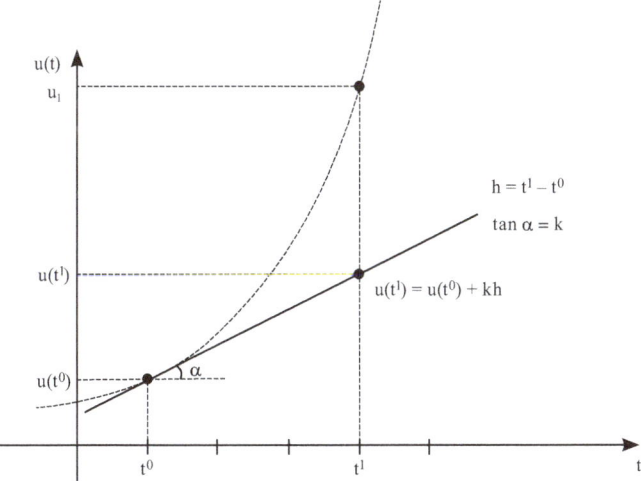

Quanto melhor for o método de passo único, melhor será a inclinação da reta, de forma que o valor estimado para $u(t^1)$ esteja o mais próximo possível do valor exato.

A inclinação k pode ser facilmente calculada por meio de $u'(t) = f(t, u(t))$. Assim, podemos escrever $k = f(t^0, u(t^0))$. Portanto, $u(t^1)$ será $u(t^1) = u(t^0) + f(t^0, u(t^0))h$, como já calculamos. A existência do valor de k será mais bem compreendida nas próximas seções, mas é importante que este já apareça nas nossas equações para que possamos entender os próximos métodos numéricos.

Exemplo 1.4

Obtenha a solução para a equação diferencial $\frac{dy}{dx} = 3(1+x) - y$, sujeita à condição inicial $x = 1$ quando $y = 4$ ($y(1) = 4$), para um intervalo $x \in [1, 2]$ e $h = 0,2$.

Solução

Temos que $\frac{dy}{dx} = y' = 3(1+x) - y$ e sabemos que, quando $x = 1$, temos $y = 4$ (condição inicial).

Dessa forma, podemos escrever:

$y_0' = 3(1+1) - 4 = 2$

Ao aplicarmos o método de Euler, obtemos:

$u(t^{i+1}) = u(t^i) + hf(t^i, u(t^i))$

Com a nomenclatura aplicada neste exemplo, temos:

$y_1 = y_0 + hy_0'$
$y_1 = 4 + (0,2)(2) = 4,4$

Fazendo $x_1 = x_0 + h = 1 + 0,2 = 1,2$ e $y_1 = 4,4$, temos:

$y_1' = 3(1+x_1) - y_1$
$y_1' = 3(1+1,2) - 4,4 = 2,2$

Então:

$y_2 = y_1 + hy_1'$
$y_2 = 4,4 + (0,2)(2,2) = 4,84$

Se continuarmos a aplicação do método para todo o intervalo, obteremos a tabela a seguir.

Tabela 1.1 – Iterações do Exemplo 1.4

i	x_i	y_i	y_i'
0	1	4	2
1	1,2	4,4	2,2
2	1,4	4,84	2,36
3	1,6	5,312	2,488
4	1,8	5,8096	2,5904
5	2	6,32768	

Exemplo 1.5

Considere o PVI dado por u'(t) = 3u(t) com u(0) = 1. A solução exata para esse problema é dada por $u(t) = e^{3t}$. Aplique o método de Euler para obter uma aproximação para u(1) quando h = 0,2.

Solução

Podemos observar que o domínio que deve ser discretizado é o intervalo fechado $t \in [0,1]$. Nesse caso, como h = 0,2, os pontos que precisarão ser avaliados são $t^0 = 0$; $t^1 = 0,2$; $t^2 = 0,4$; $t^3 = 0,5$; $t^4 = 0,8$ e $t^5 = 1$, portanto, N = 6 (seis pontos da malha unidimensional).

Ao aplicarmos o método de Euler, teremos:

$$u(t^{i+1}) = u(t^i) + hf(t^i, u(t^i))$$

Para esse PVI, obtemos:

$$u(t^{i+1}) = u(t^i) + 3hf(t^i, u(t^i)) \Rightarrow u(t^{i+1}) = (1 + 3h)u(t^i)$$
$$u(t^0) = 1$$

Assim:

$$u(0) \approx u(t^0) = 1$$
$$u(0,2) \approx u(t^1) = (1 + 3h)u(t^0) = 1,6u(t^0) = 1,6$$
$$u(0,4) \approx u(t^2) = 1,6u(t^1) = 2,56$$
$$u(0,6) \approx u(t^3) = 1,6u(t^2) = 4,096$$
$$u(0,8) \approx u(t^4) = 1,6u(t^3) = 6,5536$$
$$u(1,0) \approx u(t^5) = 1,6u(t^4) = 10,48576$$

Gráfico 1.5 – Representação geométrica para o PVI do Exemplo 1.5

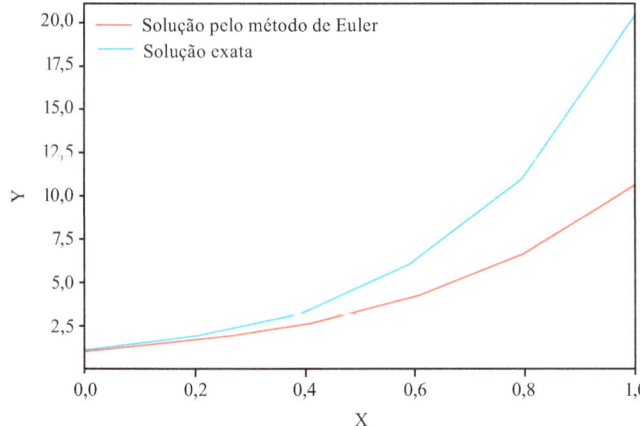

Se compararmos o resultado obtido para u(t^5), este está muito distante da solução exata quando t = 1, e^3 = 20,085537. Mas, se refinarmos a malha, ou seja, se diminuirmos o valor de *h*, poderemos obter resultados mais próximos do analítico.

Tabela 1.2 – Tabela de aproximação para o PVI do Exemplo 1.5

h	10^{-1}	10^{-2}	10^{-3}	10^{-4}	10^{-5}
U(t^N)	13,78584918	19,21863198	19,99553462	20,07650227	20,08403059

Gráfico 1.6 – Comparação geométrica das soluções aproximadas para o PVI do Exemplo 1.5

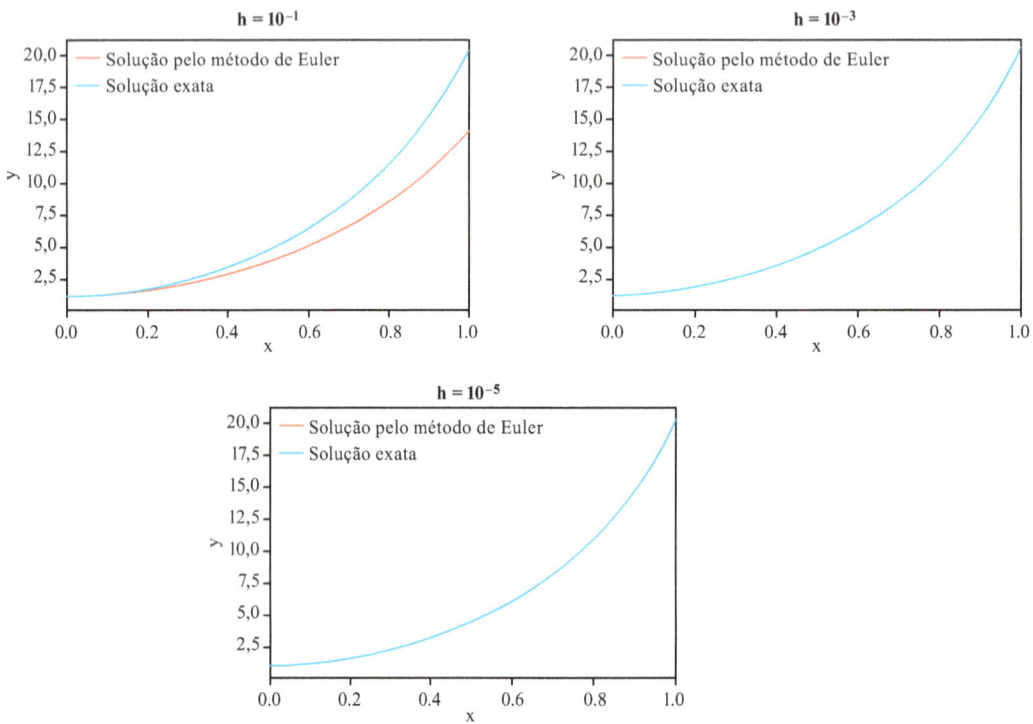

Com isso, dizemos que, quanto menor forem as partições do domínio, ou seja, o tamanho de *h*, melhor será a convergência para o método de Euler.

Ao refinarmos a malha, ou quanto maior for o domínio, podemos perceber que a possibilidade de realizar os cálculos na mão vai se tornando muito complexa. Por esse motivo, quando falamos em *métodos numéricos*, não podemos descartar o uso do computador. Por meio de uma linguagem de programação ou de *softwares* já existentes para nos auxiliar nos cálculos, precisamos escolher algum desses caminhos para que consigamos trabalhar com boas aproximações.

Ao longo do livro, traremos algumas implementações em linguagem Python, por ser uma linguagem de fácil execução, de alto nível e facilmente adaptada para outras linguagens, como Scilab, Matlab, GnuOctave etc. Lembramos, no entanto, que a proposta deste livro é trazer a teoria dos métodos numéricos aplicados a equações diferenciais, e não a sua implementação, mas queremos deixar uma pequena visualização dessas possibilidades de resolução computacional.

1.3 Métodos de Taylor de ordem superior

Assim como aproximamos o comportamento de f(t, u(t)) na seção anterior por uma função constante que depende linearmente do tamanho de *h*, para a qualidade da aproximação podemos escolher aproximações de ordem superior, como lineares, quadráticas, entre outras. Dessa forma, conseguimos uma melhor aproximação do modelo numérico se comparado ao modelo analítico.

1.3.1 Definição de métodos de ordem superior

Podemos definir os métodos de Taylor de mais alta ordem apenas escolhendo o ponto de truncamento da série polinomial e calculando a relação entre derivadas, *u* e f(t, u(t)) analiticamente com o auxílio da **regra da cadeia**. A ordem do erro cometido é proporcional à parcela descartada no truncamento da série. Logo, quanto maior a ordem escolhida, melhor a aproximação.

No entanto, essa melhoria na aproximação ocorre ao custo de se exigir derivadas de ordem superior da função u(t). Vamos entender essa questão a seguir.

1.3.2 Expansão de Taylor de um ponto da malha

Seja o PVI dado por:

$$\begin{cases} u'(t) = f(t, u(t)) \\ u(a) = \alpha \end{cases} \quad \text{(XII)}$$

Em que $t \in [a,b]$ e $t_0 = a$. Seja *f*, nesse contexto, uma função diferenciável nas variáveis *t* e *y* com n + 1 derivadas.

Podemos aproximar *u* em torno de t^i utilizando o polinômio de Taylor da seguinte forma:

$$u(t^{i+1}) = u(t^i) + (t^{i+1} - t^i)u'(t^i) + \frac{(t^{i+1} - t^i)^2}{2!}u''(t_i) + \ldots + \\ + \frac{(t^{i+1} - t^i)^{(n+1)}}{(n+1)!}u^{(n+1)}(\varepsilon_i) \quad \text{(XIII)}$$

Em que $\varepsilon_i \in (t^i, t^{i+1})$.

Para sistematizar esse procedimento, podemos escrever $t^{i+1} - t^i = h$ para um ponto t^{i+1}, de forma a obtermos:

$$u(t^{i+1}) = u(t^i) + \frac{h^1}{1!}u'(t^i) + \frac{h^2}{2!}u''(t^i) + \ldots + \frac{h^k}{k!}u^{(k)}(t^i) + \ldots +$$
$$+ \frac{h^{(n+1)}}{(n+1)!}f^n(\varepsilon_i, u(\varepsilon_i))$$
(XIV)

Em que $\varepsilon_i \in (t^i, t^{i+1})$.

Se utilizarmos a regra da cadeia, poderemos calcular as derivadas de ordem $u^{(n)}$ em função das derivadas de $f(t, u(t))$. Por exemplo,

$$u' = f(t, u(t))$$

e

$$u'' = f'(t, u(t)) = \frac{df(t, u(t))}{dt} + \frac{df(t, u(t))}{du}u'$$

Se truncarmos esse polinômio no termo de ordem *n*, teremos um erro de $\frac{h^{(n+1)}}{(n+1)!}f^n(\varepsilon_i, u(\varepsilon_i))$.

Se $f^{(n)}$ for limitada por uma constante *M*, teremos um erro local para esse truncamento que satisfaz:

$$|\tau_{i+1}(h)| \leq \frac{h^{(n+1)}}{(n+1)!}M$$

1.3.3 Método de Euler explícito como um caso particular

É possível observar que, se utilizarmos a expansão de Taylor apenas até o termo de primeira derivada de *u*, obteremos:

$$u(t^{i+1}) = u(t^i) + \frac{h^1}{1!}u'(t^i) = u(t^{i+1}) = u(t^i) + \frac{h^1}{1!}f(t^i, u(t^i))$$
(XV)

Logo, temos:

$$u(t^{i+1}) = u(t^i) + hf(t^i, u(t^i))$$
(XVI)

Isso corresponde exatamente à fórmula do método de Euler. Assim, o método de Euler pode ser visto como um caso particular de primeira ordem de uma família de métodos de Taylor.

Exemplo 1.6

Seja o PVI dado por $\begin{cases} u'(t) = -2u \\ u(0) = 1 \end{cases}$, com solução exata dada por $u(t) = e^{-2t}$. Determine o valor aproximado para u(1) utilizando o método de Taylor com k = 1, fazendo h = 1, h = 0,5 e h = 0,25.

Solução

As soluções exatas para h = 1, h = 0,5 e h = 0,25 são:

Tabela 1.3 – Soluções exatas para os valores de *h*

h = 1	h = 0,5	h = 0,25
0,135335283	0,04978707	0,082084999

Vamos desenvolver a solução numérica para os três valores de *h* sugeridos. Assim, teremos:

h = 1

$u(0) = u_0 = 1$

$u(1) \approx u_1 = u_0 + hf(u_0) = 1 + 1(-2) = -1$

Portanto, $|u_1 - u(1)| = 1,135335283$.

h = 0,5

$u(0) = u_0 = 1$

$u(0,5) \approx u_1 = u_0 + hf(u_0) = 1 + 0,5(-2) = 0$

$u(1) \approx u_2 = u_1 + hf(u_1) = 0 + 0,5(-2) = 0$.

Portanto, $|u_2 - u(1)| = 0,135335283$.

h = 0,25

$u(0) = u_0 = 1$

$u(0,25) \approx u_1 = u_0 + hf(u_0) = 1 + 0,25(-2) = 0,5$

$u(0,50) \approx u_2 = u_1 + hf(u_1) = 0,5 + 0,25(-1) = 0,25$

$u(0,75) \approx u_3 = u_2 + hf(u_2) = 0,25 + 0,25(-0,5) = 0,125$

$u(1,00) \approx u_4 = u_3 + hf(u_3) = 0,125 + 0,25(-0,25) = 0,0625$

Portanto, $|u_4 - u(1)| = 0,072835283$.

Como vimos na seção anterior, quanto menor o valor de *h*, mais próxima a solução aproximada está da solução analítica, ou seja, menor o erro cometido.

Exemplo 1.7

Vamos considerar o PVI dado por dado por $\begin{cases} u'(t) = \dfrac{1}{1+u^2} \\ u(0) = 1 \end{cases}$, mas agora usaremos o método de Taylor com k = 2. Determine o valor aproximado de u(1) quando h = 0,5.

Solução

O método de Taylor para k = 2 é escrito da seguinte forma:

$$u(t^{i+1}) = u(t^i) + hf\left(t^i, u(t^i)\right) + \frac{h^2}{2}\frac{df}{dt}\left(t^i, u(t^i)\right)$$

Logo:

$$u(t^{i+1}) = u(t^i) + h\frac{1}{1+\left(u(t^i)\right)^2} - h^2\frac{u(t^i)}{\left(1+\left(u(t^i)\right)^2\right)^3}$$

Assim, com h = 0,5, obtemos:

$u(0) = u_0 = 1$

$u(0,5) \approx u_1 = 1 + 1 + 0,5(0,5) - 0,25(0,125) = 1,21875$

$u(1) \approx u_2 = 1,21875 + 0,5 \cdot \left(\dfrac{1}{2,485351563}\right) - 0,25 \cdot \left(\dfrac{1,21875}{15,35194798}\right) = 1,4$

1.4 Métodos de Runge-Kutta

Os métodos numéricos que sucederam os métodos de Euler, Cauchy e Lipschitz foram apresentados por K. Heun (1859-1929) em 1900, por Carl Runge (1856-1927) em 1895 e 1908 e por Martin Wilhelm Kutta (1867-1944) em 1901 e foram considerados como generalizações das regras de integração.

A ideia, para esses métodos, é a de que, em vez de contornarmos o problema de calcular $\int_{t^i}^{t^{i+1}} f(t,u(t))dt$ aproximando $f(t,u(t))$ por meio de expansões polinomiais, aproximamos $f(t,u(t))$, calculando uma integral que utiliza métodos numéricos de integração. Dessa forma, obteve-se, primeiramente, uma nova família de métodos, que foi chamada de *métodos de Runge-Kutta*, pois foram baseados nos trabalhos de Runge (1895) e Kutta (1901).

O **método de Runge-Kutta de quarta ordem** é considerado um dos mais precisos para obtermos soluções aproximadas de equações diferenciais. No entanto, quando estudamos a dedução matemática para os métodos dessa classe (Runge-Kutta), damo-nos conta de que existem métodos de Runge-Kutta de diferentes ordens e de que todos eles podem ser reestruturados de infinitas maneiras. Veremos esses processos na sequência.

1.4.1 Método de Euler modificado (EM)

O método de Euler apresentado anteriormente pode ser repensado para termos uma aproximação melhor ao utilizarmos uma função constante não mais com o valor inicial do intervalo na integral $\int_{t^i}^{t^{i+1}} f(t, u(t))dt$, e sim com a média entre o valor da função no início e no final, ou seja:

$$\overline{f} = \frac{f(t^i, u(t^i)) + f(t^{i+1}, u(t^{i+1}))}{2} \qquad \text{(XVII)}$$

Esse raciocínio dá origem ao **método de Euler modificado (EM)**. O procedimento pode ser reconhecido como uma integração numérica que adota a regra do trapézio. Esse método também é conhecido como *método de Heun* e, como veremos, se enquadra nos **métodos de Runge-Kutta de segunda ordem**. Vamos entendê-lo por uma perspectiva geométrica.

Seja um PVI dado por:

$$\begin{cases} u'(t) = f(t, u(t)) \\ u(a) = f(t_0) \end{cases} \qquad \text{(XVIII)}$$

Em que $t \in [a, b]$ e $t_0 = a$. Seja *f*, nesse contexto, uma função diferenciável nas variáveis *t* e *y* com n + 1 derivadas.

No método de Euler modificado, o cálculo da inclinação que será utilizada para determinar $u(t^1)$ é feito com base no cálculo de duas outras inclinações.

A primeira inclinação é a inclinação de Euler, que já usamos anteriormente e pode ser vista no Gráfico 1.4, ou seja, a inclinação da reta tangente à curva em $(t^0, u(t^0))$. Chamaremos essa primeira aproximação de $u_1^e = u(t^0) + k_1 h$ (*y* de Euler), que é a primeira estimativa para $u(t^1)$.

Gráfico 1.7 – Representação geométrica de k_1 e k_2

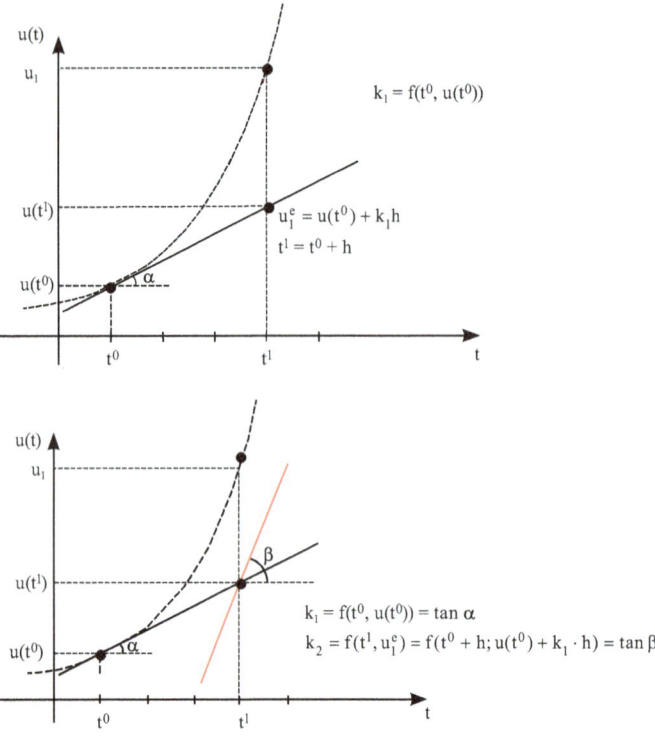

Com o par (t^1, u_1^e), vamos calcular uma nova inclinação (ao final do intervalo), que chamaremos de k_2. Dessa forma, $k_2 = f(t^1, u_1^e) = f\left(t^0 + h; u(t^0) + k_1 \cdot h\right)$. Após esse processo, precisamos determinar k, a ser dada por $k = \dfrac{1}{2}(k_1 + k_2) = \tan\gamma$, de forma que possamos traçar uma nova reta a partir do ponto t^0.

Com a inclinação k, podemos determinar $u(t^1) = u(t^0) + \dfrac{1}{2}(k_1 + k_2)$. Esse cenário pode ser visto no gráfico a seguir.

Gráfico 1.8 – Representação geométrica para o método de Euler modificado

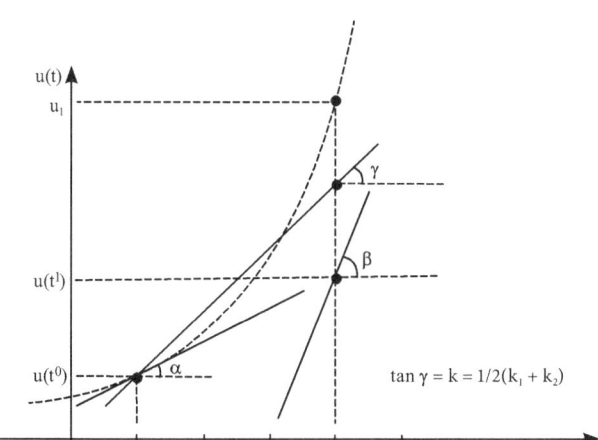

Exemplo 1.8

Seja o PVI dado por $\begin{cases} u(t)' = -1,2u(t) + 7e^{(-0,3)t} \\ u(0) = 3 \end{cases}$. Calcule uma aproximação para $t = 2,5$ usando $h = 0,5$ e o método de Euler modificado.

Solução

Primeira iteração:

Precisamos determinar $k_1 = f(t^0, u(t^0)) = f(x_0, y_0) = f(0,3)$. Se substituirmos esses valores na EDO, teremos $k^1 = 3,4$.

Agora, precisamos de $k_2 = f(t^1, u_1^e) = f(t^0 + h; u(t^0) + k_1 \cdot h) = f(0,5; 3 + 3,4 \cdot 0,5) =$
$= f(0,5; 4,7) = 0,385$.

Por fim, devemos calcular $k = \frac{1}{2}(k_1 + k_2) = \frac{1}{2}(3,4 + 0,385) = 1,892$.

Após o cálculo das constantes *k*, vamos determinar $u(t^1) = u(t^0) + k \cdot h$. Assim, obtemos $u(t^1) = 3 + 1,892 \cdot 0,5 = 3,946$.

Próximas iterações:

Vamos continuar com esse raciocínio para $t = 1; 1,5; 2$ e $t = 2,5$. Desse modo, encontraremos:

Tabela 1.4 – Iterações do Exemplo 1.8

i	t^i	u_i^e	$u(t^i)$
0	0,0	3	3
1	0,5	4,7	3,946239
2	1,0	4,8924779	4,1877461
3	1,5	4,5498549	4,0633147
4	2,0	4,0516405	3,7637826
5	2,5	3,5414969	3,3936295

Gráfico 1.9 – Solução exata e soluções aproximadas calculadas pelos métodos de Euler e de Euler modificado

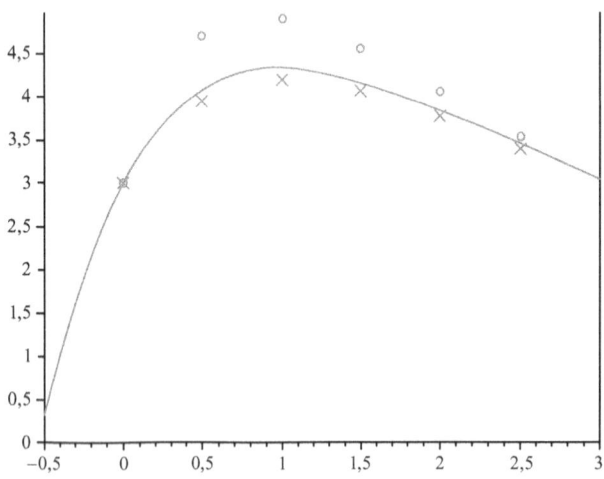

No gráfico anterior, a curva representa a solução exata; os símbolos ∘ indicam as soluções de Euler; e as letras x representam as soluções calculadas pelo método de Euler modificado.

1.4.2 Método do ponto médio

No método de Euler modificado, usamos apenas os pontos extremos como pontos de integração. Mas, se pudermos usar, por exemplo, um ponto intermediário adicional? Vamos escrever o desenvolvimento geométrico para essa ideia.

Seja nosso PVI já apresentado em XVIII. Podemos encontrar uma aproximação para u_1 por meio do uso de uma reta com inclinação α tal que $k_1 = \tan\alpha = f\left(t^0, u(t^0)\right)$, como enunciamos para o método de Euler modificado. A diferença entre o método de Euler modificado e o método do ponto médio está no fato de que, em vez de calcularmos k_2 ao final do intervalo, ou seja, em t^1, vamos calcular uma inclinação na metade do intervalo. Assim, k_2 será calculado em $t^0 + \dfrac{h}{2}$.

Gráfico 1.10 – Representação geométrica de k_1 e k_2

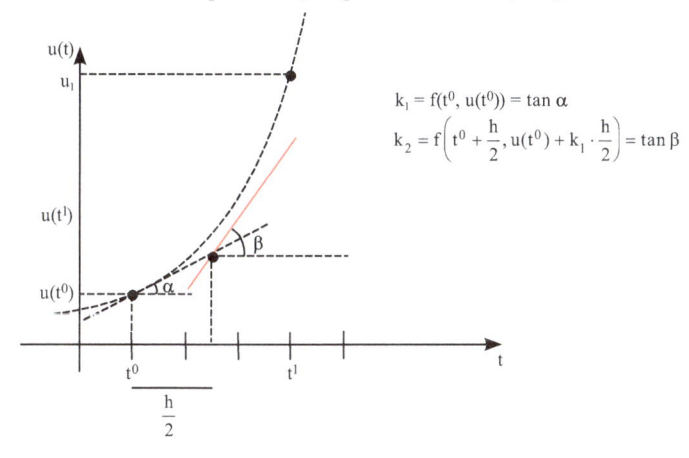

$$k_1 = f(t^0, u(t^0)) = \tan\alpha$$
$$k_2 = f\left(t^0 + \frac{h}{2}, u(t^0) + k_1 \cdot \frac{h}{2}\right) = \tan\beta$$

Portanto, para calcular o y_1 do ponto médio, usaremos a inclinação k_2. Para isso, vamos transpor a reta com inclinação k_2 fazendo com que esta passe por $\left(t^0, u(t^0)\right)$.

Gráfico 1.11 – Representação geométrica do método do ponto médio

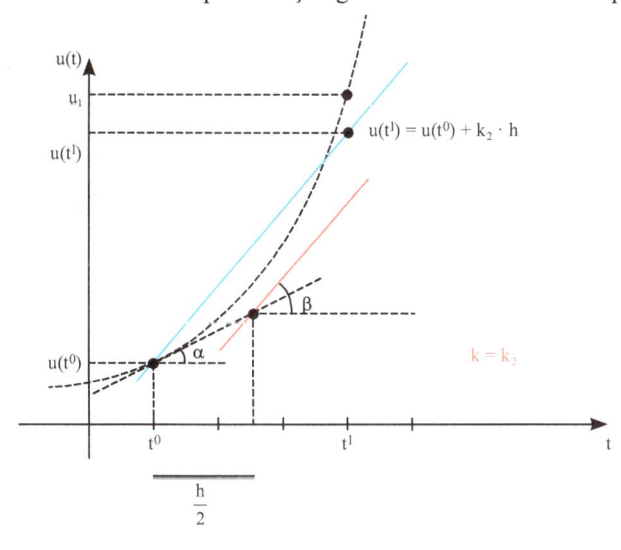

$$u(t^1) = u(t^0) + k_2 \cdot h$$

$$k = k_2$$

Exemplo 1.9

Vamos usar o mesmo PVI do exemplo anterior, mas agora queremos calcular a aproximação para u(t) = 2,5 usando h = 0,5 pelo método do ponto médio (PM).

Solução

Primeira iteração:

A primeira iteração é organizada da mesma maneira já realizada no método de Euler modificado. Assim, precisamos determinar $k_1 = f(t^0, u(t^0)) = f(x_0, y_0) = f(0,3)$. Se substituirmos esses valores na EDO, teremos $k_1 = 3,4$.

Agora, é necessário calcular $k_2 = f\left(0,25; 3 + 3,4 \cdot \left(\dfrac{0,5}{2}\right)\right) = 1,874$.

Com esse valor, devemos calcular $u(t^1) = u(t^0 + k_2 \cdot h) = 3,937$. Dessa forma, terminamos nossa primeira iteração.

Próximas iterações:

Prosseguimos, então, com as iterações seguintes comparando com os resultados obtidos no Exemplo 1.8.

Seja o PVI dado por $\begin{cases} u(t)' = -1,2u(t) + 7e^{(-0,3)t} \\ u(0) = 3 \end{cases}$. Calcule uma aproximação para t = 2,5 usando h = 0,5 e o método de Euler modificado teremos:

Tabela 1.5 – Iterações do Exemplo 1.9

i	t^i	u_i^e = Euler	$u(t^i)$ = EM	$u(t^i)$ = PM
0	0,0	3	3	3
1	0,5	4,7	3,946239	3,9371022
2	1,0	4,8924779	4,1877461	4,1745827
3	1,5	4,598549	4,0633147	4,0489113
4	2,0	4,056405	3,7634826	3,7493028
5	2,5	3,5414969	3,3936995	3,3803909

Gráfico 1.12 – Solução exata e soluções aproximadas calculadas pelo método de Euler, pelo método de Euler modificado e pelo método do ponto médio

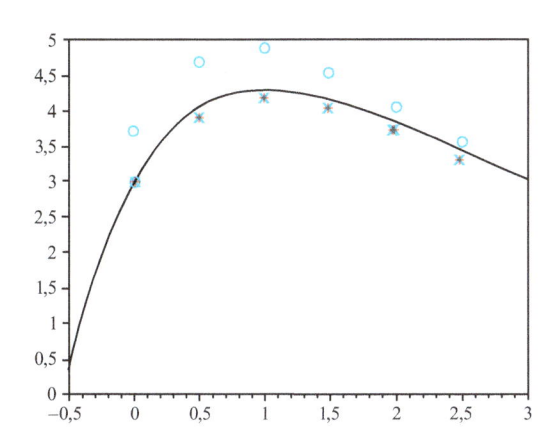

No gráfico anterior, a curva representa a solução exata; os símbolos ∘ indicam as soluções de Euler; as letras *x* representam as soluções dadas pelo método de Euler modificado; e os símbolos + indicam as soluções obtidas pelo método do ponto médio.

1.4.3 Método de Runge-Kutta de primeira ordem

Nesta seção, vamos entrar definitivamente nos métodos de Runge-Kutta. Como veremos, existem infinitos esquemas que podem ser usados conforme o PVI que precisa ser resolvido.

O método geral de Runge-Kutta de ordem *R* é dado por:

$$u(t^{i+1}) - u(t^i) = hF(t,u,h)$$

Em que $F(t,u,h) = \sum_{r=1}^{R} c_r k_r$. Logo, temos:

$$k_1 = f(t,u(t))$$

$$k_r = f\left(t^i, u(t^i) + h\sum_{s=1}^{r-1} b_{rs} k_s\right), r = 2, 3, \ldots, R$$

$$a_r = \sum_{s=1}^{r-1} b_{rs}, r = 2, 3, \ldots, R$$

As constantes a_r, b_{rs} e c_r devem ser determinadas pela comparação da expansão de F(t, u, h) em série de potências com o método de Taylor. A estruturação dos métodos de Runge-Kutta podem gerar esquemas implícitos ou explícitos. Essa diferença dependerá diretamente das constantes b_{rs}.

Para que o esquema seja **explícito**, a matriz formada pelos b_{rs} deve ser triangular inferior com todos os elementos da diagonal principal iguais a zero. Se isso não ocorre, temos um esquema **implícito**. Em outras palavras, podemos dizer que os b_{rs} são pesos da quadratura numérica que aproxima a integral.

Assim como no método de Euler e de Euler modificado, precisamos calcular as inclinações k. A quantidade de inclinações dependerá da ordem do método de Runge-Kutta escolhido. Vamos escrever de forma geral para depois especificar.

Logo, as funções de inclinação, ou seja, as funções k_r, com r = 2, ..., R, são dadas por:

$$k_1 = f(t^0, u(t^0))$$
$$k_2 = f(t^i + ha_2, u(t^i) + h(b_{21}k_1)), \text{ com } a_2 = b_{21}$$
$$k_3 = f(t^i + ha_3, u(t^i) + h(b_{31}k_1 + b_{32}k_2)), \text{ com } a_3 = b_{31} + b_{32}$$
$$k_4 = f(t^i + ha_4, u(t^i) + h(b_{41}k_1 + b_{42}k_2 + b_{43}k_3)), \quad \textbf{(XIX)}$$
$$\text{com } a_4 = b_{41} + b_{42} + b_{43}$$
$$k_R = f(t^i + ha_R, u(t^i) + h(b_{R1}k_1 + ... + b_{R,R-1}k_{R-1})),$$
$$\text{com } a_r = b_{R1} + ... + b_{R,R-1}$$

Com essa organização, podemos notar que o método de Runge-Kutta de primeira ordem, ou seja, apenas com análise de uma inclinação (k_1), coincide com o método de Euler.

Nas próximas seções, vamos analisar os métodos de Runge-Kutta de segunda e terceira ordem. Por fim, abordaremos o método de quarta ordem, um dos mais utilizados entre os métodos de passo único.

1.4.4 Método de Runge-Kutta de segunda ordem

Se R = 2, temos o método de Runge-Kutta de segunda ordem.

Vimos que as constantes a_r, b_{rs} e c_r devem ser determinadas pela comparação da expansão de F(t, u, h) em série de potências com o método de Taylor.

Dessa forma, para encontrarmos os valores para c_1, c_2 e a_2, precisamos desenvolver a função k_2 pelo polinômio de Taylor, em torno do ponto $(t^i, u(t^i))$ até segunda ordem. Logo, podemos escrever:

$$u(t^{i+1}) = u(t^i) + \frac{h^1}{1!}u'(t^i) + \frac{h^2}{2!}u''(t^i) + O(h^3)$$

Também podemos comparar os coeficientes de h e h^2 com os coeficientes deles no método de Taylor de segunda ordem. Com esse processo, encontramos um sistema de equações não linear dado por:

$$\begin{cases} c_1 + c_2 = 1 \\ c_2 a_2 = \dfrac{1}{2} \\ a_2 = b_{21} \end{cases} \quad \textbf{(XX)}$$

Esse sistema tem infinitas soluções, e cada uma delas gera um método de Runge-Kutta de segunda ordem diferente.

Uma forma de determinar as famílias de soluções para esse sistema é escolher uma variável genérica $a_2 = \theta \in (0, 1]$ e escrever as relações entre as variáveis em função de θ, de modo que as variáveis c_1, c_2, a_2 e b_{21} possam ser unicamente determinadas (Justo et al., 2020).

$$c_1 = 1 - \dfrac{1}{2\theta_1}, \; c_2 = \dfrac{1}{2\theta_1}, \; a_2 = \theta_1; \; b_{21} = \theta_1 \quad \textbf{(XXI)}$$

Podemos escrever um esquema genérico para essa notação de forma bem visível e tabular. Assim, teremos:

$$\left| \begin{array}{c|cc} a & B & \\ & & c \end{array} \right|$$

Então:

$$\left| \begin{array}{c|cc} a_2 & B_{21} & \\ & c_1 & c_2 \end{array} \right|$$

Para $\theta_1 \in (0, 1]$, escrevemos:

$$\left| \begin{array}{c|cc} \theta_1 & \theta_1 & \\ & 1 - \dfrac{1}{2\theta_1} & \dfrac{1}{2\theta_1} \end{array} \right|$$

Uma das escolhas das constantes mais consagradas para esse método é dada pela notação de Butcher para o método do ponto médio:

$$\left| \begin{array}{c|cc} \dfrac{1}{2} & \dfrac{1}{2} & \\ & 0 & 1 \end{array} \right|$$

Ou seja, $c_1 = 0$, $c_2 = 1$ e $a_2 = \dfrac{1}{2}$, resultando em:

$$u(t^{i+1}) = u(t^i) + hk_2$$

Com as constantes:

$$k_1 = f\left(t^i, u(t^i)\right)$$
$$k_2 = f\left(t^i + \dfrac{h}{2}, u(t^i) + \dfrac{h}{2}k_1\right)$$

O que coincide com o **método do ponto médio** apresentado anteriormente.

Se adotarmos $c_1 = \dfrac{1}{2}$, $c_2 = \dfrac{1}{2}$ e $a_2 = 1$, teremos a notação de Butcher para o método de Heun:

$$\left| \begin{array}{c|cc} 1 & 1 & \\ & \dfrac{1}{2} & \dfrac{1}{2} \end{array} \right|$$

Desse modo, obtemos:

$$u(t^{i+1}) = u(t^i) + h\left(\dfrac{1}{2}k_1 + \dfrac{1}{2}k_2\right)$$

Com as constantes:

$$k_1 = f\left(t^i, u(t^i)\right)$$
$$k_2 = f\left(t^i + h; u(t^1) + k_1 \cdot h\right)$$

O que coincide com o **método de Euler modificado**, ou *método de Heun*.

1.4.5 Método de Runge-Kutta de terceira ordem

Para darmos prosseguimento à apresentação dos métodos de Runge-Kutta, abordaremos agora o método de terceira ordem.

Assim como nos métodos de segunda ordem, escolhemos R = 3 e, dessa forma, podemos encontrar uma família de métodos de terceira ordem que dependerão do valor das constantes a_r, b_{rs} e c_r, as quais devem ser determinadas pela comparação da expansão de F(t, u, h) em série de potências com o método de Taylor.

Também podemos escrever o método de terceira ordem de maneira tabular. Nesse caso, fazemos:

$$\begin{array}{c|ccc} a_2 & b_{21} & & \\ a_3 & c_{31} & b_{32} & \\ \hline & c_1 & c_2 & c_3 \end{array}$$

Assim, obtemos um sistema de equações com 6 equações e 8 incógnitas:

$$\begin{cases} c_1 + c_2 + c_3 = 1 \\ c_2 a_2 + c_3 a_3 = \dfrac{1}{2} \\ c_2 a_2^2 + c_3 a_3^2 = \dfrac{1}{3} \\ c_3 b_{32} a_2 = \dfrac{1}{6} \\ b_{21} = a_2 \\ b_{31} + b_{32} = a_3 \end{cases} \qquad \textbf{(XXII)}$$

Nesse caso, precisamos fixar duas variáveis, $\theta_2 = a_2$ e $\theta_3 = a_3$, de forma que montamos o seguinte sistema de equações com as variáveis $a_2, a_3, c_1, c_2, c_3, b_{21}, b_{31}$ e b_{32} unicamente determinadas:

$$\begin{cases} c_1 = 1 - \dfrac{1}{2\theta_2} - \dfrac{1}{2\theta_3} + \dfrac{1}{3\theta_2 \theta_3} \\ c_2 = \dfrac{3\theta_3 - 2}{6\theta_2 (\theta_3 - \theta_2)} \\ c_3 = \dfrac{2 - 3\theta_2}{6\theta_3 (\theta_3 - \theta_2)} \\ b_{21} = \theta_2 \\ b_{31} = \theta_3 - \dfrac{1}{6c_3 \theta_2} \\ b_{32} = \dfrac{1}{6c_3 \theta_2} \end{cases}$$

Alguns métodos de terceira ordem são mais conhecidos: um deles é o **método clássico de Runge-Kutta de terceira ordem**. Para este, usamos:

$$\left| \begin{array}{c|ccc} \frac{1}{2} & \frac{1}{2} & & \\ 1 & -1 & 2 & \\ & \frac{1}{6} & \frac{4}{6} & \frac{1}{6} \end{array} \right.$$

E, portanto, obtemos:

$$u(t^{i+1}) = u(t^i) + \frac{h}{6}(k_1 + 4k_2 + k_3)$$

Com as constantes:

$$k_1 = f\left(t^i, u(t^i)\right)$$
$$k_2 = f\left(t^i + \frac{h}{2}, u(t^i) + \frac{h}{2}k_1\right)$$
$$k_3 = f\left(t^i + h, u(t^i) + 2hk_2 - hk_1\right)$$

1.4.6 Método de Runge-Kutta de quarta ordem

O método de Runge-Kutta de quarta ordem é o mais utilizado dos métodos dessa categoria. Nesse caso, usamos R = 4 e podemos montar a seguinte tabela para as variáveis:

$$\left| \begin{array}{c|cccc} a_2 & b_{21} & & & \\ a_3 & b_{31} & b_{32} & & \\ a_4 & b_{41} & b_{42} & b_{43} & \\ & c_1 & c_2 & c_3 & c_4 \end{array} \right.$$

O sistema de equações obtido é não linear e composto por 8 equações e 13 variáveis. Dessa forma, temos novamente um sistema com infinitas soluções. Se fizermos $b_{21} = a_2$; $b_{31} = a_3 - b_{32}$; e $b_{41} = a_4 - b_{43}$, teremos:

$$\begin{cases} c_1 + c_2 + c_3 + c_4 = 1 \\ c_2 a_2 + c_3 a_3 + c_4 a_4 = \dfrac{1}{2} \\ c_2 a_2^2 + c_3 a_3^2 + c_4 a_4^2 = \dfrac{1}{3} \\ c_2 a_2^3 + c_3 a_3^3 + c_4 a_4^3 = \dfrac{1}{4} \\ c_3 b_{32} a_2 + (a_2 b_{42} + a_3 b_{43}) c_4 = \dfrac{1}{6} \\ a_2 a_3 b_{32} c_3 + a_4 (a_2 b_{42} + a_3 b_{43}) c_4 = \dfrac{1}{8} \\ a_2^2 b_{32} c_3 + (a_2^2 b_{42} + a_3^2 b_{43}) c_4 = \dfrac{1}{12} \\ a_2 b_{32} b_{43} c_4 = \dfrac{1}{24} \end{cases}$$

Alguns métodos de quarta ordem são mais conhecidos do que outros. O **método clássico de Runge-Kutta de quarta ordem** obedece à seguinte estrutura:

$$\begin{array}{c|cccc} \frac{1}{2} & \frac{1}{2} & & & \\ \frac{1}{2} & 0 & \frac{1}{2} & & \\ 1 & 0 & 0 & 1 & \\ \hline & \frac{1}{6} & \frac{1}{3} & \frac{1}{3} & \frac{1}{6} \end{array}$$

Podemos escrever o procedimento iterativo como:

$$u(t^{i+1}) = u(t^i) + \frac{h}{6}[k_1 + 2k_2 + 2k_3 + k_4]$$

Em que as constantes são:

$$k_1 = f(t^i, u(t^i))$$
$$k_2 = f\left(t^i + \frac{h}{2}, u(t^i) + \frac{h}{2}k_1\right)$$
$$k_3 = f\left(t^i + \frac{h}{2}, u(t^i) + \frac{h}{2}k_2\right)$$
$$k_4 = f(t^i + h, u(t^i) + hk_3)$$

Interpretação geométrica

Vamos supor novamente nosso PVI dado como:

$$\begin{cases} u'(t) = f(t, u(t)) \\ u(a) = f(t_0) \end{cases} \quad \text{(XXIII)}$$

Em que $t \in [a,b]$ e $t_0 = a$. Seja f, nesse contexto, uma função diferenciável nas variáveis t e y com $n+1$ derivadas.

Como vimos, num método de Runge-Kutta de quarta ordem, é necessário que calculemos quatro inclinações (k_1, k_2, k_3 e k_4) para então encontrarmos uma média ponderada entre essas outras quatro inclinações.

A primeira inclinação é dada por $k_1 = f\left(t^0, u(t^0)\right)$, da mesma forma que já mostramos nos métodos de Euler e do ponto médio e nos métodos de Runge-Kutta de menor ordem.

A segunda inclinação, k_2, também é conhecida e pode ser escrita como $k_2 = f\left(t^0 + \frac{h}{2}, u\left(t^0 + k_1 \cdot \frac{h}{2}\right)\right)$.

A terceira inclinação, k_3 está representada no gráfico a seguir.

Gráfico 1.13 – Representação geométrica de k_3

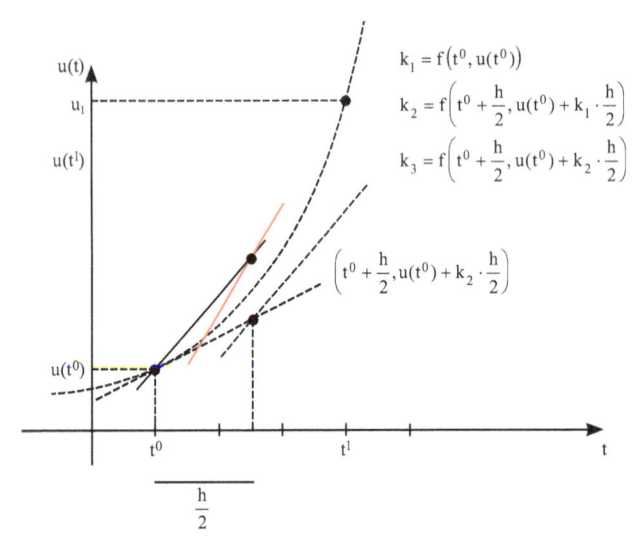

$k_1 = f\left(t^0, u(t^0)\right)$

$k_2 = f\left(t^0 + \frac{h}{2}, u(t^0) + k_1 \cdot \frac{h}{2}\right)$

$k_3 = f\left(t^0 + \frac{h}{2}, u(t^0) + k_2 \cdot \frac{h}{2}\right)$

$\left(t^0 + \frac{h}{2}, u(t^0) + k_2 \cdot \frac{h}{2}\right)$

Portanto, calculamos k_3 com base na inclinação de k_2, segundo o que podemos observar no gráfico anterior.

Para calcularmos a quarta inclinação, k_4, trazemos a reta de inclinação k_3 para o ponto $(t^0, u(t^0))$, conforme o gráfico a seguir. Agora, precisamos calcular um novo valor para u(t) ao final do intervalo – denotaremos esse valor por $u_1^e(t) = (t^0 + h, u(t^0) + k_3 \cdot h)$ e $k_4 = f(t^0 + h, u(t^0) + k_3 \cdot h)$.

Gráfico 1.14 – Representação geométrica de k_4

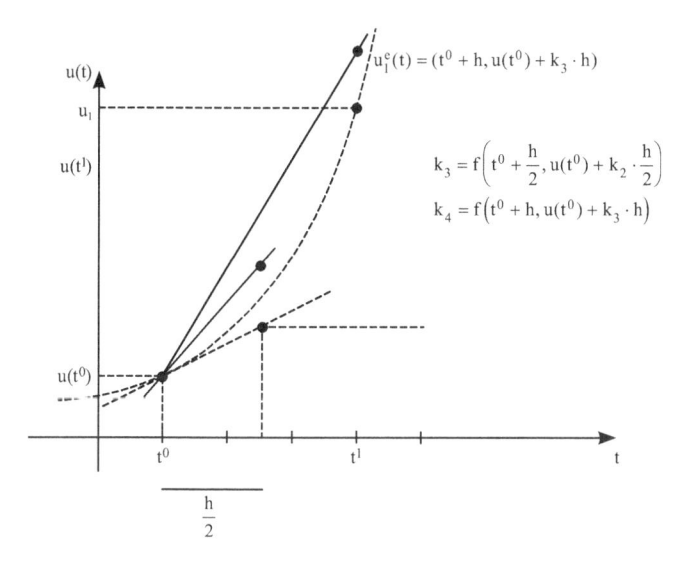

$$u_1^e(t) = (t^0 + h, u(t^0) + k_3 \cdot h)$$

$$k_3 = f\left(t^0 + \frac{h}{2}, u(t^0) + k_2 \cdot \frac{h}{2}\right)$$

$$k_4 = f(t^0 + h, u(t^0) + k_3 \cdot h)$$

Com as quatro inclinações, precisamos calcular uma inclinação k, que será a média ponderada entre k_1, k_2, k_3 e k_4 para podermos escrever o valor de $u(t^1)$ ao final do intervalo. Usaremos, para essa interpretação geométrica, os valores a seguir, do método clássico de Runge-Kutta de quarta ordem:

$$\begin{array}{c|cccc}
\frac{1}{2} & \frac{1}{2} & & & \\
\frac{1}{2} & 0 & \frac{1}{2} & & \\
1 & 0 & 0 & 1 & \\
\hline
 & \frac{1}{6} & \frac{1}{3} & \frac{1}{3} & \frac{1}{6}
\end{array}$$

Logo, a ponderação que realizaremos para k será $k = \frac{1}{6}(k_1 + 2k_2 + 2k_3 + k_4)$.

Com k determinado, conseguimos calcular com facilidade o valor para $u(t^1) = u(t^0) + k \cdot h$. Esse resultado pode ser observado no gráfico a seguir.

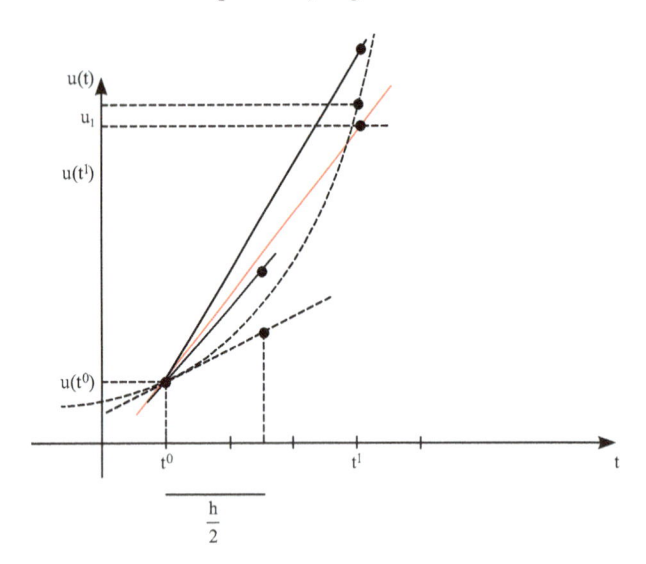

Gráfico 1.15 – Representação geométrica do método de Runge-Kutta de quarta ordem

Chegamos, com isso, a uma interpretação geométrica para o método de quarta ordem.

Exemplo 1.10

Vamos usar o mesmo PVI do Exemplo 1.9, mas agora queremos calcular a aproximação para u(t) = 2,5 usando h = 0,5 pelo método de quarta ordem.

Com o mesmo PVI, temos a oportunidade de comparar os resultados obtidos por outros métodos. Faremos uma tabela comparativa ao final desse exemplo.

Solução

Temos o PVI dado por $\begin{cases} u(t)' = -1,2u(t) + 7e^{(-0,3)t} \\ u(0) = 3 \end{cases}$

Primeira iteração:

$$k_1 = f\left(t^0, u(t^0)\right) = f(0,3) = 3,4$$

$$k_2 = f\left(x_0 + \frac{h}{2}, u(t^0) + k_1 \cdot \frac{h}{2}\right) = f(0,25; 3 + 3,4 \cdot 0,25) = 1,874$$

$$k_3 = f\left(x_0 + \frac{h}{2}, u(t^0) + k_2 \cdot \frac{h}{2}\right) = f(0,25; 3 + 1,874 \cdot 0,25) = 2,332$$

$$k_4 = f\left(x_0 + h, u(t^0) + k_3 \cdot h\right) = f(0,5; 3 + 2,332 \cdot 0,5) = 1,026$$

Agora, determinamos:

$$k = \frac{1}{6}(k_1 + 2k_2 + 2k_3 + k_4) = 2{,}140$$

$$u(t^1) = u(t^0) + k \cdot h = 3 + 2{,}140 \cdot 0{,}5 = 4{,}070$$

Próximas iterações:

As próximas iterações seguem o mesmo raciocínio, e seus resultados podem ser observados na tabela a seguir.

Tabela 1.6 – Tabela de iterações do Exemplo 1.10

i	t^i	$u(t^i) = EM$	$u(t^i) = PM$	$u(t^i) = RK4$
0	0,0	3	3	3
1	0,5	3,946239	3,9371022	4.070
2	0,1	4,1877461	4,1745827	4.3202955
3	1,5	4,0633147	4,0489113	4.1675657
4	2,0	3,7634826	3,7493028	3.8337667
5	2,5	3,3936295	3,3803909	3.4352959

Gráfico 1.16 – Solução exata e soluções aproximadas calculadas pelo método de Euler modificado e do ponto médio e pelo método de Runge-Kutta de quarta ordem

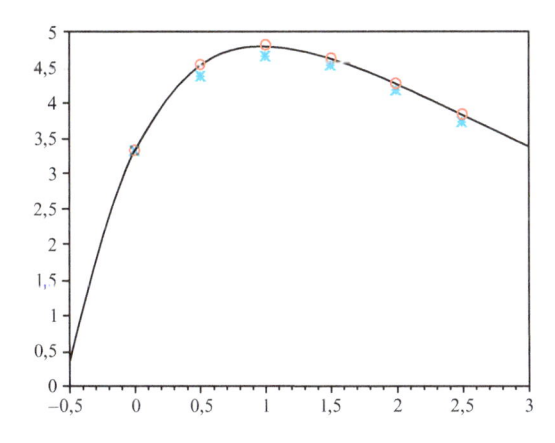

No gráfico anterior, a curva representa a solução exata; os símbolos ○ indicam as soluções encontradas pelo método de quarta ordem; as letras *x* representam as soluções do método de Euler modificado; e os sinais + indicam as soluções do método do ponto médio.

Por fim, podemos perceber que o método de Runge-Kutta de quarta ordem obteve a melhor aproximação se comparado à solução analítica.

1.5 Análise do erro

Ao aplicarmos um método numérico, devemos lembrar que estamos cometendo erros na aproximação, os quais podem ser de origem computacional, com truncamento numérico e de ponto flutuante, além de erros de aproximação inerentes ao método numérico adotado.

Nesta seção, vamos apresentar uma estimativa para o erro numérico de aproximação dos métodos apresentados e veremos como podemos utilizar esse conhecimento para otimizar a escolha da malha.

1.5.1 Estimativa do erro

Segundo Burden e Faires (2008, p. 246): "Entre o problema de aproximar o valor de uma integral definida e o de aproximar a solução de um PVI existe uma estrita relação". O erro cometido numa nova aproximação de malha qh pode ser estimado de forma que:

$$q \leq \left(\frac{\varepsilon h}{|\tilde{u}(t^{i+1}) - u(t^{i+1})|} \right)^{\frac{1}{n}} = \left(\frac{\epsilon}{R} \right)^{\frac{1}{n}} \quad \text{(XXIV)}$$

Em que $u(t^{i+1})$ e $\tilde{u}(t^{i+1})$ são as aproximações originais, obtidas respectivamente por:

a. um método de Taylor de enésima ordem, que gera as aproximações:

$$\begin{cases} u_0 = \alpha \\ u(t^{i+1}) = u(t^i) + hf\left(t^i, u(t^i), h\right) \end{cases} \text{para } i > 0$$

b. um método de Taylor de $(N + 1)$-*ésima* ordem, que gera as aproximações:

$$\begin{cases} \tilde{u}_0 = \alpha \\ \tilde{u}(t^{i+1}) = \tilde{u}(t^i) + h\tilde{f}\left(t^i, \tilde{u}(t^i), h\right) \end{cases} \text{para } i > 0$$

1.5.2 Uso do conceito de erro estimado para melhoria da solução

Se fizermos a estimativa do erro cometido, teremos uma noção aproximada da direção para a qual as aproximações em malhas sucessivas estão caminhando. Dessa forma, podemos tirar proveito dessa informação para escolhermos h de forma atender uma tolerância de aproximação sem custo computacional desnecessário. A escolha apropriada de h também favorece a captura adequada de regiões mais sensíveis de alto gradiente da resposta.

1.5.3 Método de Runge-Kutta-Fehlberg e passo adaptativo

Para estimar o erro, é necessário analisar a resposta de pelo menos duas respostas aproximadas consecutivas. Essa natureza indica que métodos de Runge-Kutta, por conterem informações intermediárias, podem ser adaptados para tirar proveito de estimativas de erro intrínsecas.

Assim, definimos o método de Runge-Kutta-Fehlberg, que corresponde à qualidade de aproximação da aplicação dos métodos de quarta e quinta ordens, mas com apenas 40% do número de avaliações da função, acarretando ganho significativo de eficiente computacional.

Aplicação do conhecimento

O crescimento logístico é um modelo de crescimento mais realístico caso haja limitação da população por uma capacidade de suporte, seja por condições do ambiente, seja porque o próprio número de indivíduos influencia o suporte ao crescimento. Assim, esse tipo de crescimento ocorre quando a taxa de crescimento de uma população é relativamente próxima à capacidade de suporte.

Em comparação, uma taxa de crescimento exponencial pode ser descrita pela equação diferencial:

$$\frac{dP}{dt} = rP \qquad \textbf{(XXV)}$$

Em que r é uma taxa base de crescimento inerente à população, P é a população num dado instante de tempo t e $\frac{dP}{dt}$ é a taxa de crescimento.

Nesse caso, não há limitação para o crescimento da população, pois a taxa de crescimento é proporcional à população.

Por outro lado, no crescimento logístico há um fator de penalização da taxa de crescimento. Logo, a equação diferencial passa a ser:

$$\frac{dP}{dt} = r\left(\frac{K-P}{K}\right)P \qquad \textbf{(XXVI)}$$

Em que r é uma taxa base de crescimento inerente à população, P é a população num dado instante de tempo t, $\frac{dP}{dt}$ é a taxa de crescimento e K é um valor limitante para a população.

Esse tipo de modelo que contempla um aspecto de saturação tem ampla aplicação, como em redes neurais, crescimento de tumores, modelos de reação química e outros (Gershenfeld, 1999).

Agora, vamos considerar a equação diferencial dada por XXVI, com r = 1, k = 100 e P(0) = 10. Esse problema pode ser resolvido analiticamente pelo método das variáveis separáveis e tem solução geral dada por:

$$P(t) = -\frac{100e^{t+c_1}}{1-e^{t+c_1}}$$

Se adotarmos os métodos desenvolvidos neste capítulo, poderemos obter resultados para esse PVI. Portanto, com o valor de K, podemos escrever o PVI como:

$$\frac{dP}{dt} = \left(\frac{100-P}{100}\right)P \qquad \textbf{(XXVII)}$$
$$P(0) = 10$$

Resolvendo pelo método de Euler, de Euler modificado e de Runge-Kutta de segunda, terceira e quarta ordens, obtemos a tabela a seguir.

Tabela 1.7 – Comparação entre os métodos vistos no Capítulo 1 para o PVI citado

i	t^i	Euler	Euler modificado	Runge-Kutta de segunda ordem	Runge-Kutta de terceira ordem	Runge-Kutta de quarta ordem
		$P(t^i)$	$P(t^i)$	$P(t^i)$	$P(t^i)$	$P(t^i)$
0	0	10	10	10	10	10
1	1	19	22,195	22,3975	22,955197	23,160262
2	2	34,39	42,774354	43,820866	44,524363	45,006687
3	3	56,953279	66,025103	68,445102	68,565308	68,97637
4	4	81,469798	82,346355	84,892991	85,771816	85,759185

(continua)

(Tabela 1.7 – conclusão)

i	t^i	Euler	Euler modificado	Runge-Kutta de segunda ordem	Runge-Kutta de terceira ordem	Runge-Kutta de quarta ordem
5	5	96,566316	91,124614	92,831641	94,479327	94,186827
6	6	99,882098	95,559205	96,525206	98,037675	97,7465
7	7	99,999861	97,779408	98,290654	99,330087	99,144181
8	8	100	98,889692	99,15238	99,774836	99,677532
9	9	100	99,444845	99,577956	99,924734	99,878857

O gráfico de P(t) com $0 \leq t \leq 10$ comparativo entre os métodos pode ser visto a seguir.

Gráfico 1.17 – Comparação entre cinco **métodos numéricos aplicados ao PVI enunciado**

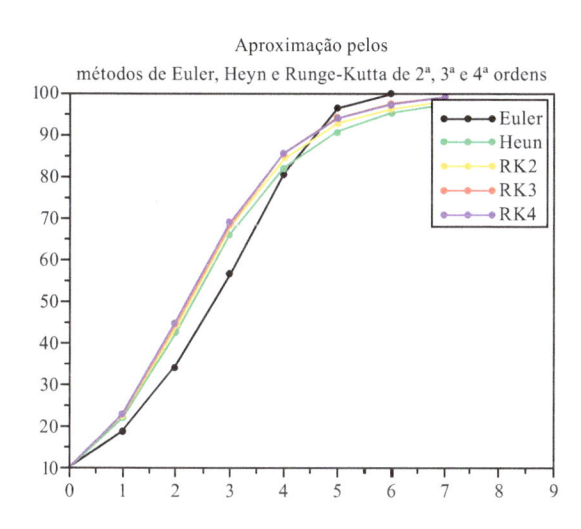

SÍNTESE

Neste primeiro capítulo, apresentamos o conceito de problema de valor inicial (PVI) e as condições para obtenção de soluções numéricas. Em seguida, vimos métodos numéricos para a solução dessa classe de problemas.

Também abordamos métodos baseados na expansão de Taylor (Euler e Taylor de alta ordem) e métodos baseados em integração numérica (Runge-Kutta).

Por fim, fizemos uma breve introdução sobre estimativas de erro e adaptatividade de malha com o método de Runge-Kutta-Fehlberg.

ATIVIDADES DE AUTOAVALIAÇÃO

1) Use o método de Euler para integrar numericamente a equação $y' = x^3 + x^2 + x + 1$, de $x = 0$ a $x = 0,01$, com tamanho de passo de 0,01 (ou seja, considerar um único passo). A condição inicial em $x = 0$ é $y = 1$. Depois, marque a alternativa a seguir que apresenta a solução dessa iteração:

   a. $y(0,01) = 5,25$
   b. $y(0,01) = 1,875$
   c. $y(0,01) = 1,01005$
   d. $y(0,01) = 2,875$
   e. $y(0,01) = 2,01$

2) Leia o trecho a seguir.

   O Método de Euler consiste em tomar a aproximação de primeira ordem de $x(t + h)$:
   $x(t + h) = x(t) + x'(t)h + 0(h)$
   ([...])
   Como $x' = f$, o Método sugere que, na prática, obtenhamos $x_{k+1} = x(t_{k+1}) = x(t_k + h)$ como
   $x_{\{k+1\}} = x_k + f(t_k, x_k)h$
   (Asano; Colli, 2009, p. 194)

   Considerando o texto apresentado e os conteúdos deste capítulo, e sabendo que a solução exata para a equação diferencial dada por $x' = -3t^2x$, com $x(0) = 1$ e intervalo entre $[0, 1]$ e $x(t) = 2e^{-t^3}$, encontre a solução para $x' = -3t^2x$ quando $t_k = 1$ utilizando a fórmula de Euler com passo igual a $h = 0,5$. Em seguida, marque a alternativa correta:

   a. $x_k = 1,76$
   b. $x_k = 2$
   c. $x_k = 1,97$
   d. $x_k = 1,25$
   e. $x_k = 1,04$

3) Considere um PVI bem enunciado a equação diferencial dada por:

$$y' = f(t,y), a \leq t \leq b, y(a) = \alpha$$

Agora, leia o trecho a seguir:

O método de Euler constrói soluções do tipo $w_i \approx y(t_i)$ para cada $i = 1, 2, ..., N$. Dessa forma, podemos escrever
$$\begin{cases} w_0 = \alpha \\ w_{i+1} = w_i + hf(t_i, w_i) \end{cases}$$
para cada $i = 0, 1, ..., N-1$.
(Burden; Faires, 2003, p. 224)

Considerando o texto apresentado e os conteúdos deste capítulo, use o método de Euler para aproximar a solução para a equação diferencial:

$$y' = y - t^2 + 1, 0 \leq t \leq 1, y(0) = 0{,}1 \text{, com } N = 10$$

Agora, marque a alternativa correta:

a. $w_{i+1} = 1{,}2w_i - 0{,}008i^2 + 0{,}1$, para $i = 0, 1, ..., 9$.
b. $w_{i+1} = 1{,}1w_i - 0{,}001i^2 + 0{,}1$, para $i = 0, 1, ..., 9$.
c. $w_{i+1} = 1{,}1w_i - 0{,}0001i^2 - 0{,}1$, para $i = 0, 1, ..., 9$.
d. $w_{i+1} = 1{,}2w_i - 0{,}008i^2 + 0{,}2$, para $i = 0, 1, ..., 9$.
e. $w_{i+1} = 1{,}2w_i - 0{,}001i^2 + 0{,}2$, para $i = 0, 1, ..., 9$.

4) Considere o texto a seguir.

Dados $h > 0$ próximo de 0 e um PVI $y' = f(x, y), y(x_0) = y_0$, calculam-se para $n = 0, 1, 2, ...$ os seguintes valores:
$$x_{n+1} = x_n + h$$
$$y_{n+1} = y_n + \frac{k_1 + 2k_2 + 2k_3 + k_4}{6}$$
onde $k_1 = hf(x_n, y_n)$, $k_2 = hf\left(x_n + \frac{h}{2}, y_n + \frac{k_1}{2}\right)$, $k_3 = hf\left(x_n + \frac{h}{2}, y_n + \frac{k_2}{2}\right)$, e
$k_4 = hf(x_n + h, y_n + k_3)$.
Para cada valor inteiro de n, a partir de $n = 0$, calculam-se:
$$x_{n+1} \rightarrow k_1 \rightarrow k_2 \rightarrow k_3 \rightarrow k_4 \rightarrow y_{n+1}$$
Repete-se essa sequência de cálculos várias vezes, até chegar no valor de y_n desejado.
(Andrade, 2016, p. 69)

De acordo com o fragmento de texto apresentado e os conteúdos deste capítulo, analise as afirmativas.

I. O fragmento de texto refere-se a um método numérico que nos leva a uma solução exata para o PVI.
II. O fragmento de texto traz o método de Runge-Kutta de quarta ordem para a solução de um PVI.
III. O fragmento de texto traz o método de Runge-Kutta de segunda ordem para a solução de um PVI.

Está correto apenas o que se afirma em:

a. I.
b. II.
c. III.
d. I e II.
e. II e III.

5) Seja o PVI dado por $\begin{cases} \frac{dy}{dx} = 4y \\ y(0) = 0 \end{cases}$. Pelo método de Euler, calcule uma aproximação para x = 1 adotando h = 0,01. Depois, assinale a alternativa que contém o resultado correto:

a. y(1) = 50,5049
b. y(1) = 54,6
c. y(1) = 24,6
d. y(1) = 20,5049
e. y(1) = 55

Atividades de aprendizagem

Questões para reflexão

1) Neste capítulo, trouxemos exemplos dos métodos de passo simples e fizemos comparações com a solução exata para o PVI enunciado. Mas, se é possível calcular a solução exata, por que desenvolver e aplicar métodos numéricos? Quando o uso de um método numérico se torna mais vantajoso do que o uso de um método analítico?

2) Quais são as características necessárias ao PVI para que possamos garantir a estabilidade para os métodos de passo simples? Reflita sobre essa questão relembrando os teoremas de Picard-Lindelöf (existência e unicidade de solução) e da dependência contínua na condição inicial.

Atividade aplicada: prática

1) Nesta obra, não trabalhamos com o método de Dormand-Prince, mas esse também é um método eficaz para resolver questões que envolvem PVIs. O método proposto por John R. Dormand e P. J. Prince é da família dos métodos de Runge-Kutta e tem características similares ao método de Runge-Kutta-Fehlberg.

É o método padrão para solução de EDOs em algumas linguagens de programação, como GNU Octave (linguagem de programação desenvolvida para ser usada na computação matemática).

O texto original sobre o método de Dormand-Prince, *A family of embedded Runge-Kutta formulae*, de 1980, pode ser encontrado *on-line*:

DORMAND, J. R.; PRINCE, P. J. A Family of Embedded Runge-Kutta Formulae. **Journal of Computational and Applied Mathematics**, v. 6, n. 1, p. 19-26, 1980. Disponível em: <https://www.sciencedirect.com/science/article/pii/0771050X80900133" https://www.sciencedirect.com/science/article/pii/0771050X80900133#!>. Acesso em: 19 nov. 2020.

Faça uma breve pesquisa sobre o método e compare-o com os métodos apresentados nesta obra.

No capítulo anterior, apresentamos métodos baseados na expansão de Taylor (de Euler e de Taylor de alta ordem) e métodos baseados em integração numérica (de Runge-Kutta) para aproximações numéricas de PVIs. Esses métodos são chamados de *métodos de passo simples*, pois só exigem para o cálculo de um determinando ponto da malha a informação do ponto anterior.

Talvez a maior vantagem de um método de passo simples seja a possibilidade de poder usar para sua inicialização a condição inicial dada (autoiniciável). Além disso, como são métodos que dependem apenas do passo anterior, seu algoritmo é de fácil implementação.

2
Métodos de passos múltiplos

Se pensarmos na estrutura básica de um método baseado em integração numérica, teremos expressões como:

$$u(t^{i+1}) = u(t^i) + \int_{t^i}^{t^{i+1}} f(t, u(t))dt$$

No método de Heun, temos uma estrutura de ordem dois, que, para aproximar a integral de t^i até t^{i+1}, utiliza-se de dois pontos (ponto inicial e ponto final). Isso é equivalente a usarmos a regra trapezoidal para integração numérica, ou seja, estamos aproximando a integral por uma reta. Mas podemos realizar aproximações para a integral por uma função polinomial e, como sabemos, dependendo da ordem desse polinômio, serão necessários mais do que dois pontos.

Neste capítulo, diferentemente dos métodos de Runge-Kutta, nos quais a posição desses pontos está entre t^i e t^{i+1}, iremos utilizar pontos anteriores a t^i e t^{i+1}. Quando trabalhamos dessa forma, dizemos que adotamos uma estratégia de múltiplos passos, ou seja, para encontrarmos $f(t^{i+1})$, além de utilizarmos o passo anterior $f(t^i)$, vamos considerar resultados de outros passos (pontos) anteriores a eles.

Entre esses métodos, apresentaremos os métodos de Adams (baseados em interpolação de múltiplos passos), os métodos de predição e correção, os métodos de multipassos variáveis e as estratégias de extrapolação de soluções.

Para isso, vamos considerar apenas os métodos lineares de passo s que podem ser expressos na forma:

$$\alpha_s u(t^{i+s}) + \alpha_{s-1} u(t^{i+s-1}) + \ldots + \alpha_0 u(t^i) = \\ = h\left[\beta_s f(t^{i+s}, u(t^{i+s})) + \beta_{s-1} f(t^{i+s-1}, u(t^{i+s-1})) + \ldots + \beta_0 f(t^i, u(t^i))\right] \quad \textbf{(I)}$$

Por simplicidade, podemos escrever:

$$\alpha_s u(t^{i+s}) + \alpha_{s-1} u(t^{i+s-1}) + \ldots + \alpha_0 u(t^i) - h\left[\beta_s f^{i+s} + \beta_{s-1} f^{i+s-1} + \ldots + \beta_0 f^i\right] \quad \textbf{(II)}$$

Em que $f(t^i, u(t^i)) = f^i$, α e β são dependentes de um método particular e $\alpha_s \neq 0$ e $|\alpha_0| + |\beta_0| \neq 0$.

Se $\beta_s = 0$, teremos um **método explícito** (Adams-Bashforth); caso contrário, teremos um **método implícito** (Adams-Moulton).

2.1 Método de Adams-Bashforth (MAB)

Os métodos de Adams foram os primeiros e talvez sejam os mais conhecidos métodos de passos múltiplos para a resolução de equações diferenciais. John Couch Adams (1819-1892), astrônomo britânico, baseou-se nos métodos teóricos propostos por Cauchy para apresentar um método novo, que usou na integração da equação de Bashforth.

Aliás, foi num trabalho de Francis Bashforth (1819-1912) de 1883 que o método proposto por Adams foi apresentado, por isso também é conhecido por *método de Adams-Bashforth (MAB)*.

Vamos relembrar a formulação do PVI enunciado no capítulo anterior e que já utilizamos no desenvolvimento dos métodos de passo simples, para que possamos desenvolver os métodos de Adams. Nele, temos de encontrar u(t) dado que:

$$\begin{cases} \dfrac{du}{dt} = f(t, u(t)) \\ u(t_0) = u_0 \end{cases} \qquad \text{(III)}$$

Para isso, podemos integrar a equação diferencial no intervalo no qual procuramos a solução, $[t^{i+s}; t^{i+s+1}]$, e, dessa forma, obtemos um esquema recursivo para passos múltiplos (*s* passos) da forma:

$$u(t^{i+s}) = u(t^{i+s-1}) - \int_{t^{i+s-1}}^{t^{i+s}} f(t, u(t))dt \qquad \text{(IV)}$$

Interpolação da resposta em passos anteriores

Nos métodos de Adams, o integrando $f(t, u(t))$ é aproximado na forma polinomial p(t). Para o método de Adam-Bashforth, escolhemos um polinômio interpolador de Lagrange p(t) de grau $s - 1$. Ou seja, temos:

$$p(t) = \sum_{j=0}^{s-1} \left[f(t^i, u(t^i)) \prod_{k=0, k \neq j}^{s-1} \frac{t - t^{i+k}}{t^{i+j} + t^{i+k}} \right] \qquad \text{(V)}$$

Logo, a integral passa a ser escrita como:

$$\int_{t^{i+s-1}}^{t^{i+s}} p(t)dt = h\sum_{j=0}^{s-1} \beta_j f\left(t^{i+j}, u(t^{i+j})\right) \qquad \text{(VI)}$$

Em que:

$$\beta_j = \frac{1}{h}\int_{t^{i+s-1}}^{t^{i+s}} \prod_{k=0, k\neq j}^{s-1} \frac{t - t^{i+k}}{t^{i+j} - t^{i+k}} dt \qquad \text{(VII)}$$

Relação de recorrência

Com base na interpolação adotada, e com os coeficientes definidos anteriormente, podemos escrever o procedimento iterativo como:

$$u(t^{i+s}) = u(t^{i+s-1}) + h\sum_{j=0}^{s-1} \beta_j f\left(t^{i+j}, u(t^{i+j})\right) \qquad \text{(VIII)}$$

É importante observar que o método exige $s-1$ pontos anteriores, logo, não é possível iniciar o processo de cálculo diretamente com um método de múltiplos passos. Para contornar essa situação, começamos a análise do problema com um método de passo simples, como Euler, por exemplo, e depois continuamos o estudo do PVI com múltiplos passos.

Exemplo 2.1

Para $s = 2$, a fórmula de recorrência pode ser escrita como:

$$u(t^{i+2}) = u(t^{i+1}) + h\sum_{j=0}^{1} \beta_j f\left(t^{i+j}, u(t^{i+j})\right) \qquad \text{(IX)}$$

Portanto, podemos fazer:

$$u(t^{i+2}) = u(t^{i+1}) + h(\beta_1 f^{i+1} + \beta_0 f^i)$$

Solução

Nesse caso, temos um método de Adams-Bashforth de dois passos, no qual vemos claramente que, para calcular $u(t^{i+2})$, precisamos conhecer o comportamento da função em dois pontos anteriores a t^{i+2}: t^{i+1} e t^i.

Mas ainda precisamos calcular os valores para β_1 e β_0. Para isso, devemos fazer uma mudança de variável e substituir em VII:

$$\beta_j = \frac{1}{h}\int_{t^{i+s-1}}^{t^{i+s}} \prod_{k=0, k\neq j}^{s-1} \frac{t - t^{i+k}}{t^{i+j} - t^{i+k}} dt$$

Dessa forma, com $t = t^{i+s-1} + h\rho$, podemos escrever:

$$\beta_j = \int_0^1 \prod_{k=0, k\neq j}^{s-1} \frac{\rho + s - k + 1}{j - k} d\rho = \frac{(-1)^{s-j-1}}{j!(s-j-1)!}\int_0^1 \prod_{k=0, k\neq s-j-1}^{s-1}(\rho+k)d\rho$$

$$\beta_j = \frac{(-1)^{s-j-1}}{j!(s-j-1)!}\int_0^1 \prod_{k=0, k\neq s-j-1}^{s-1}(\rho+k)d\rho \quad \text{(X)}$$

Se usarmos a equação X, poderemos calcular β_0 e β_1:

$$\beta_0 = -\int_0^1 (\rho + 2 - 1 - 1)d\rho = -\frac{1}{2}$$

$$\beta_1 = \int_0^1 (\rho + 2 - 0 - 1)d\rho = \frac{3}{2}$$

Portanto, podemos escrever uma fórmula de recorrência para o método de Adams-Bashforth com s = 2 da forma como segue:

$$u(t^{i+2}) = u(t^{i+1}) + \frac{h}{2}\left[3f\left(t^{i+1}, u(t^{i+1})\right) - f\left(t^i, u(t^i)\right)\right]$$

Do mesmo modo que no método de Runge-Kutta, quando aumentamos o número de passos para os métodos de Adams, passamos a ter uma melhor precisão. Claro que a quantidade de passos influencia diretamente o tempo computacional. Logo, é necessário ponderar o custo computacional e o erro obtido em cada uma das classes *s*(passos).

Vamos apresentar as relações recursivas para o método de Adams-Bashforth para s = 3 e s = 4, pois são as escolhas mais comuns quando adotamos esse tipo de método para a solução de um PVI.

Assim, para s = 3, escrevemos:

$$u(t^{i+3}) = u(t^{i+2}) + h\int_{t^{i+2}}^{t^{i+3}} f(t, u(t))$$

$$u(t^{i+3}) = u(t^{i+2}) + h\sum_{j=0}^{2}\beta_j f\left(t^{i+j}, u(t^{i+j})\right)$$

Portanto, temos:

$$u(t^{i+3}) = u(t^{i+2}) + h\left[\beta_2 f\left(t^{i+2}, u(t^{i+2})\right) + \beta_1 f\left(t^{i+1}, u(t^{i+1})\right) + \beta_0 f\left(t^i, u(t^i)\right)\right]$$

Para calcularmos os β_j, faremos uma analogia com a obtenção de coeficientes por um método de integração.

Vamos supor que $t^{i+3} - t^{i+2} = t^{i+2} - t^{i+1} = t^{i+1} - t^i = h$, ou seja, são igualmente espaçados. Como o intervalo de integração é $[t^{i+3}, t^{i+2}]$, podemos transladar t^{i+2} até a origem de tal forma que $[t^i, t^{i+1}, t^{i+2}, t^{i+3}] = [-2h, -h, 0, h]$.

Se considerarmos uma base $[1, t, t^2]$ e substituirmos f(t) por cada um dos elementos dessa base, obteremos:

$$\int_0^1 1 dt = h = h\left[\beta_0(1) + \beta_1(1) + \beta_2(1)\right]$$
$$\int_0^1 t dt = \frac{h^2}{2} = h\left[\beta_0(0) + \beta_1(-h) + \beta_2(-2h)\right] \quad \text{(XI)}$$
$$\int_0^1 t^2 dt = \frac{h^3}{3} = h\left[\beta_0(0)^2 + \beta_1(-h)^2 + \beta_2(-2h)^2\right]$$

Podemos escrever a expressão anterior (XI) em forma matricial:

$$\begin{pmatrix} 1 & 1 & 1 \\ 0 & -1 & -2 \\ 0 & 1 & 4 \end{pmatrix} \begin{pmatrix} \beta_0 \\ \beta_1 \\ \beta_2 \end{pmatrix} = \begin{pmatrix} 1 \\ \frac{1}{2} \\ \frac{1}{3} \end{pmatrix}$$

Se resolvermos esse sistema, encontraremos $\beta_0 = \frac{5}{12}$, $\beta_1 = -\frac{4}{3}$ e $\beta_2 = \frac{23}{12}$, em que

$$u(t^{i+3}) = u(t^{i+2}) + h\left[\beta_2 f(t^{i+2}, u(t^{i+2})) + \beta_1 f(t^{i+1}, u(t^{i+1})) + \beta_0 f(t^i, u(t^i))\right].$$

Conhecendo os valores para β_j, podemos escrever:

$$u(t^{i+3}) = u(t^{i+2}) + \frac{h}{12}\left[23f(t^{i+2}, u(t^{i+2})) - 16f(t^{i+1}, u(t^{i+1})) + 5f(t^i, u(t^i))\right] \quad \text{(XII)}$$

Desse modo, obtemos uma equação de recorrência para o método de Adams-Bashforth para s = 3.

Com o mesmo procedimento, é possível escrever facilmente a equação de recorrência para s = 4. Vejamos:

$$u(t^{i+4}) = u(t^{i+3}) + \frac{h}{24}\begin{bmatrix} 55f(t^{i+3}, u(t^{i+3})) - 59f(t^{i+2}, u(t^{i+2})) + \\ +37f(t^{i+1}, u(t^{i+1})) - 9f(t^i, u(t^i)) \end{bmatrix} \quad \text{(XIII)}$$

Vamos exemplificar e comparar os resultados com alguns métodos de passo simples. Como ainda não resolvemos um PVI pelo método de Adams-Bashforth de quarta ordem, é por ele que começaremos.

Exemplo 2.2

O método de Adams-Bashforth com s = 4 (quatro estágios) pode ser escrito como:

$$u(t^{i+4}) = u(t^{i+3}) + \int_{t^{i+3}}^{t^{i+4}} f(t, u(t))dt$$

$$u(t^{i+4}) = u(t^{i+3}) + h\sum_{j=0}^{3} \beta_j f(t^{i+j}, u(t^{i+j}))$$

$$u(t^{i+4}) = u(t^{i+3}) + h[\beta_3 f^{i+3} + \beta_2 f^{i+2} + \beta_1 f^{i+1} + \beta_0 f^i]$$

Gráfico 2.1 – Representação geométrica do método de Adams-Bashforth para s = 4

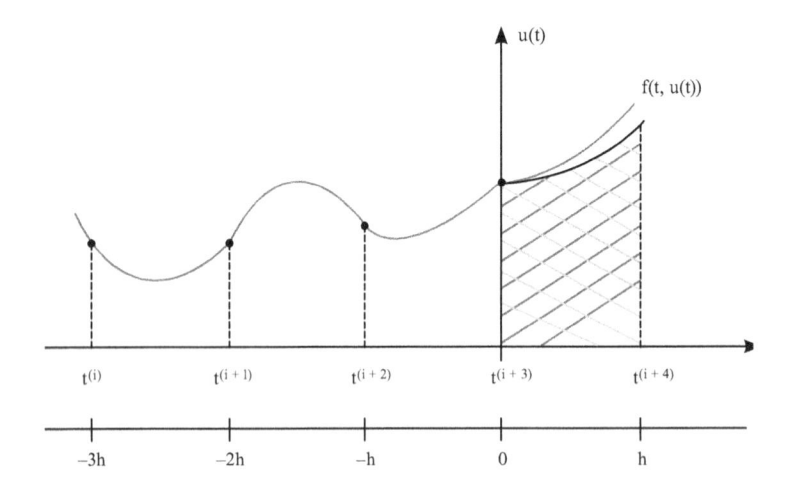

Seja uma base $[1, t, t^2, t^3]$. Se substituirmos f(t) por cada um dos elementos dessa base, obteremos:

$$\int_0^1 1 dt = h = h\left[\beta_0(1) + \beta_1(1) + \beta_2(1) + \beta_3(1)\right]$$

$$\int_0^1 t\, dt = \frac{h^2}{2} = h\left[\beta_0(0) + \beta_1(-h) + \beta_2(-2h) + \beta_3(-3h)\right]$$

$$\int_0^1 t^2 dt = \frac{h^3}{3} = h\left[\beta_0(0)^2 + \beta_1(-h)^2 + \beta_2(-2h)^2 + \beta_3(-3h)^2\right]$$

$$\int_0^1 t^3 dt = \frac{h^4}{4} = h\left[\beta_0(0)^3 + \beta_1(-h)^3 + \beta_2(-2h)^3 + \beta_3(-3h)^3\right]$$

(XIV)

Podemos escrever a expressão anterior (XIV) em forma matricial:

$$\begin{pmatrix} 1 & 1 & 1 & 1 \\ 0 & -1 & -2 & -3 \\ 0 & 1 & 4 & 9 \\ 0 & -1 & -8 & -27 \end{pmatrix} \begin{pmatrix} \beta_0 \\ \beta_1 \\ \beta_2 \\ \beta_3 \end{pmatrix} = \begin{pmatrix} 1 \\ \frac{1}{2} \\ \frac{1}{3} \\ \frac{1}{4} \end{pmatrix}$$

Se resolvermos esse sistema, encontraremos $\beta_0 = \frac{55}{24}$, $\beta_1 = -\frac{59}{24}$, $\beta_2 = \frac{37}{24}$ e $\beta_3 = -\frac{3}{8}$.
Logo, podemos escrever:

$$u(t^{i+4}) = u(t^{i+3}) + \frac{h}{24}[55f^{i+3} - 59f^{i+2} + 37f^{i+1} - 9f^i]$$

Agora, um desafio para você, leitor.

Seja o PVI dado por $\begin{cases} u(t)' = -1,2u(t) + 7e^{(-0,3)t} \\ u(0) = 3 \end{cases}$.

Resolva numericamente esse PVI pelo método de Adams-Bashforth de quatro passos. Comece com o método de Runge-Kutta de quarta ordem. Calcule o valor de y(1) com passo de tamanho h = 0,5.

Lembre-se de que, para inicializar o método, devemos utilizar $u(t^0) = 3$. Na sequência, é necessário calcular $u(t^1)$, que, pelo método de Runge-Kutta de quarta ordem, é dado por $u(t^1) = 3,3104001$.

2.2 Método de Adams-Moulton (MAM)

Foi possivelmente a Primeira Grande Guerra que veio dar um forte impulso ao crescimento dos métodos numéricos. A grande quantidade de cálculos e a complexidade dos problemas que a balística exige não poderiam ser resolvidas facilmente sem a ajuda desses processos alternativos. A primeira contribuição para a melhoria dos métodos existentes foi dada pelo matemático americano Forest Ray Moulton (1872-1952) em 1925, que propôs uma classe de métodos conhecida por *método de Adams-Moulton (MAM)*.

O método de Adams-Moulton difere do método de Adams-Bashforth apenas pela inclusão de valores de interpolação no polinômio, os quais dizem respeito ao próprio instante em que se deseja calcular. Com isso, como já mencionamos, o método de Adams-Moulton é implícito, enquanto o de Adams-Bashforth é explícito.

Interpolação da resposta em passos anteriores e presentes

Para o método de Adam-Moulton, escolhemos um polinômio interpolador de Lagrange p(t) de grau s:

$$p(t) = \sum_{j=0}^{s}\left[f\left(t^{i}, u(t^{i})\right) \prod_{k=0, k\neq j}^{s} \frac{t - t^{i+k}}{t^{i+j} + t^{i+k}}\right]$$

Logo, a integral passa a ser escrita como:

$$\int_{t^{i+s-1}}^{t^{i+s}} p(t)dt = h\sum_{j=0}^{s}\beta_j f\left(t^{i+j}, u(t^{i+j})\right)$$

Em que:

$$\beta_j = \frac{1}{h}\int_{t^{i+s-1}}^{t^{i+s}} \prod_{k=0, k\neq j}^{s} \frac{t - t^{i+k}}{t^{i+j} + t^{i+k}} dt$$

Relação de recorrência

Com base na interpolação adotada, e com os coeficientes definidos anteriormente, podemos escrever o procedimento iterativo como:

$$u(t^{i+s}) = u(t^{i+s-1}) + h\sum_{j=0}^{s}\beta_j f\left(t^{i+j}, u(t^{i+j})\right)$$

Da mesma forma como acontece com Adams-Bashforth, o método de Adams-Moulton exige pontos anteriores, logo, não é possível começar o processo de cálculo diretamente com um método de múltiplos passos. Para contornar essa situação, inicia-se o problema com um método de passo simples, como Euler, por exemplo, e depois continua-se o estudo do PVI com múltiplos passos.

Exemplo 2.3

Vamos entender o método de Adams-Moulton para s = 2, s = 3 e s = 4, assim como fizemos para Adams-Bashforth.

Solução

Começaremos com s = 2. Assim, queremos encontrar u(t) dado que:

$$\begin{cases} \dfrac{du}{dt} = f(t, u(t)) \\ u(t_0) = u_0 \end{cases}$$

Para isso, podemos integrar a equação diferencial no intervalo no qual procuramos a solução,$[t^{i+s-1}; t^{i+s}]$, e, dessa forma, obtemos um esquema recursivo para passos múltiplos (s passos) da forma:

$$u(t^{i+s}) = u(t^{i+s-1}) - \int_{t^{i+s-1}}^{t^{i+s}} f(t, u(t))dt \qquad \text{(XV)}$$

Temos que $f(t, u(t))$ pode ser aproximado por um polinômio interpolador $f(t^k, u(t^k))$ com k = i, i + 1, i + 2, ..., i + s. Dessa forma, escrevemos:

$$u(t^{i+s}) = u(t^{i+s-1}) - \int_{t^{i+s-1}}^{t^{i+s}} f(t, u(t))dt = u(t^{i+s-1}) - \int_{t^{i+s-1}}^{t^{i+s}} p(t)dt \qquad \text{(XVI)}$$

Em que:

$$\int_{t^{i+s-1}}^{i+s} p(t)dt = h\sum_{j=0}^{s} \beta_j f(t^{i+j}, u(t^{i+j}))$$

Logo, para s = 2, temos:

$$p(t) = \sum_{j=0}^{2}\left[f(t^i, u(t^i)) \prod_{k=0, k\neq j}^{2} \frac{t - t^{i+k}}{t^{i+j} + t^{i+k}} \right]$$

Ou seja, trabalhamos com polinômios de Lagrange de grau 2.

Se fizermos uma mudança de variável semelhante àquela feita no método de Adams-Bashforth, escrevemos:

$$\beta_j = \frac{(-1)^{s-j}}{j!(s-j)!} \int_0^1 \prod_{k=0,\, k\neq s-j-1}^{s} (\rho + k - 1)d\rho \qquad \text{(XVII)}$$

Portanto, para s = 2, temos:

$$u(t^{i+2}) = u(t^{i+1}) + \int_{i+1}^{i+2} f(t, u(t))dt$$

$$u(t^{i+2}) = u(t^{i+1}) + h\left[\sum_{j=0}^{2} \beta_j f(t^{i+j}, u(t^{i+j})) \right]$$

Dessa forma, obtemos:

$$u(t^{i+2}) = u(t^{i+1}) + h\left[\beta_2 f\left(t^{i+2}, u(t^{i+2})\right) + \beta_1 f\left(t^{i+1}, u(t^{i+1})\right) + \beta_0 f\left(t^i, u(t^i)\right)\right]$$

Nesse ponto, precisamos encontrar [$\beta_3, \beta_2, \beta_1, \beta_0$], tal que o método seja exato para polinômios até ordem 2. Podemos obter esses coeficientes de maneira análoga à resolvida no método de Adams-Bashforth, baseada na obtenção dos coeficientes de um método para integração.

Logo, precisamos novamente supor que os nós estão igualmente espaçados entre os t^k, com distância h entre eles. Além disso, para o intervalo de integração dado por [t^{i+1}, t^{i+2}], transladamos t^{i+1} para a origem. Essa ideia pode ser observada no gráfico a seguir.

Gráfico 2.2 – Representação geométrica para o método de Adams-Moulton com s = 2

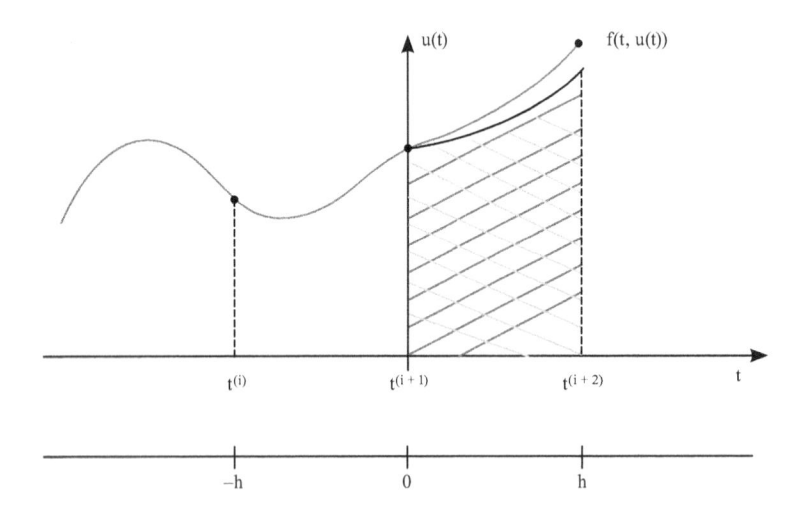

Se considerarmos a base [1, t, t^2] e substituirmos f(t) por cada um dos elementos da base, obteremos:

$$\begin{aligned}
\int_0^1 1\,dt &= h = h\left[\beta_0(1) + \beta_1(1) + \beta_2(1)\right] \\
\int_0^1 t\,dt &= \frac{h^2}{2} = h\left[\beta_0(-h) + \beta_1(0) + \beta_2(h)\right] \\
\int_0^1 t^2\,dt &= \frac{h^3}{3} = h\left[\beta_0(-h)^2 + \beta_1(0)^2 + \beta_2(h)^2\right]
\end{aligned} \quad \textbf{(XVIII)}$$

Podemos escrever a expressão anterior (XVIII) em forma matricial:

$$\begin{pmatrix} 1 & 1 & 1 \\ -1 & 0 & 1 \\ 1 & 0 & 1 \end{pmatrix} \begin{pmatrix} \beta_0 \\ \beta_1 \\ \beta_2 \end{pmatrix} = \begin{pmatrix} 1 \\ \dfrac{1}{2} \\ \dfrac{1}{3} \end{pmatrix}$$

Se resolvermos esse sistema, encontraremos $\beta_0 = -\dfrac{1}{12}$, $\beta_1 = \dfrac{2}{3}$ e $\beta_2 = \dfrac{5}{12}$, em que

$$u(t^{i+2}) = u(t^{i+1}) + h\left[\beta_2 f(t^{i+2}, u(t^{i+2})) + \beta_1 f(t^{i+1}, u(t^{i+1})) + \beta_0 f(t^i, u(t^i))\right].$$

Conhecendo os valores para β_j, podemos escrever:

$$u(t^{i+2}) = u(t^{i+1}) + \frac{h}{12}\left[5f(t^{i+2}, u(t^{i+2})) + 8f(t^{i+1}, u(t^{i+1})) - f(t^i, u(t^i))\right] \quad \textbf{(XIX)}$$

Desse modo, obtemos uma equação de recorrência para o método de Adams-Bashforth para s = 2.

Para s = 3 e s = 4, vamos apenas escrever as equações de recorrência, pois o procedimento matemático é igual ao que acabamos de realizar.

Assim, para s = 3, temos:

$$u(t^{i+3}) = u(t^{i+2}) + \frac{h}{24}\begin{bmatrix} 9f(t^{i+3}, u(t^{i+3})) + 19f(t^{i+2}, u(t^{i+2})) - \\ -5f(t^{i+1}, u(t^{i+1})) + f(t^i, u(t^i)) \end{bmatrix} \quad \textbf{(XX)}$$

E para s = 4:

$$u(t^{i+4}) = u(t^{i+3}) + \frac{h}{720}\begin{bmatrix} 251f(t^{i+4}, u(t^{i+4})) + 646f(t^{i+3}, u(t^{i+3})) - \\ -264f(t^{i+2}, u(t^{i+2})) + 106f(t^{i+1}, u(t^{i+1})) - \\ -19f(t^i, u(t^i)) \end{bmatrix} \quad \textbf{(XXI)}$$

2.3 Métodos preditores-corretores

Apesar de esquemas implícitos, como Adams-Moulton, gerarem respostas mais acuradas, há uma dificuldade adicional associada à necessidade de usarmos os valores presentes em $f(t^{i+1}, u(t^{i+1}))$ para calcular o próprio $u(t^{i+1})$. Nesse contexto, surgem os métodos chamados de *preditor-corretor*. A seguir, veremos como proceder nesses casos.

A estratégia de predição-correção consiste basicamente em contornar o problema de formulações implícitas por meio de uma etapa de **predição**, utilizando um método explícito no qual aproximamos o valor presente $\tilde{u}(t^{i+1})$, e uma etapa de **correção**, em que, com o uso de uma formulação implícita, recalculamos o valor presente aproximado $\tilde{u}(t^{i+1})$.

A etapa de predição por meio de um método explícito pode ser realizada por diversos métodos vistos anteriormente, como Euler, Runge-Kutta ou Adams-Bashforth. Cada uma dessas variações gera novos métodos com novos resultados. Na etapa de correção também existe a possibilidade de utilizarmos diferentes métodos implícitos.

Exemplo 2.4

Vamos considerar o PVI dado por:

$$\begin{cases} \dfrac{du}{dt} = f(t, u(t)) \\ u(t_0) = a \end{cases}$$

Solução

Primeiramente, para ilustrarmos a estratégia de preditor-corretor, vamos formular o **método implícito de Euler** pela equação:

$$u(t^{i+1}) = u(t^i) + hf(t^{i+1}, u(t^{i+1}))$$

Uma predição da resposta pode ser calculada com o **método explícito de Euler**:

$$\tilde{u}(t^{i+1}) = u(t^i) + hf(t^i, u(t^i))$$

E então utilizamos $\tilde{u}(t^{i+1})$ no esquema implícito, resultando em:

$$u(t^{i+1}) = u(t^i) + hf(t^{i+1}, \tilde{u}(t^{i+1}))$$

Em segundo lugar, vamos adotar o **método trapezoidal para predição-correção**. Usando novamente o PVI enunciado, a estratégia de predição pode ser formulada pelo método explícito de Euler com a equação:

$$\tilde{u}(t^{i+1}) = u(t^i) + hf(t^i, u(t^i))$$

Contudo, agora usaremos como estratégia de correção o método trapezoidal:

$$u(t^{i+1}) = u(t^i) + \dfrac{h}{2}\left[f(t^i, u(t^i)) + f(t^{i+1}, \tilde{u}(t^{i+1}))\right]$$

Temos, assim, mais um exemplo de método composto para predição-correção.

Muitos outros exemplos podem ser elaborados com base nessa ideia. Vamos identificar uma estratégia conhecida pela **sigla** $P(EC)^mE$, em que:

- P: para obtê-lo, aplica-se um método explícito (preditor), que gerará uma boa aproximação para $u_{i+n}^{[0]}$;
- E: para obtê-lo, calcula-se $f\left(t_{i+n}, u_{i+n}^{[0]}\right)$;
- C: para obtê-lo, aplica-se um método implícito (corretor), que gerará a solução numérica para $u_{i+n}^{[1]}$;
- E: para obtê-lo, recalcula-se $f\left(t_{i+n}, u_{i+n}^{[1]}\right)$;
- m: número fixo de vezes que u_{i+n} será calculado (u_{i+n}^m).

Assim, no esquema P(EC)^{m}E, temos:

$u_{i+n}^{[0]} + \sum_{j=0}^{n-1}\alpha_j^* u_{i+j}^{[m]} = h\sum_{j=0}^{n-1}\beta_j^* f_{i+j}^{[m]}$ Para s = 0, 1,..., m – 1.	**Prediz**
$f_{i+n}^{[s]} = f\left(t_{i+n}, u_{i+n}^{[s]}\right)$	**Avalia**
$u_{i+n}^{[s+1]} + \sum_{j=0}^{n-1}\alpha_j u_{i+j}^{[m]} = h\beta_n f_{i+n}^{[s]} h\sum_{j=0}^{n-1}\beta_j f_{i+j}^{[m]}$	**Corrige**
$f_{i+n}^{[m]} = f\left(t_{i+n}, u_{i+n}^{[m]}\right)$	**Avalia**

Podemos observar que o crescimento do número total de iterações com m → ∞ faz com que o método preditor-corretor se torne cada vez mais parecido com o método corretor (com relação à ordem de consistência, ao intervalo de estabilidade absoluta e ao coeficiente principal de erro). Contudo, o custo computacional pode ser muito alto, por isso costumamos adotar valores conhecidos de *m* (com relação ao custo computacional), por exemplo, m = 2.

2.3.1 Métodos de multipassos com tamanho variável

Estratégias do tipo preditor-corretor geram, por definição, duas aproximações para a mesma variável. Assim, podemos recordar do capítulo anterior dos resultados de controle e estimativa de erro. Em especial, é interessante destacar que o método de Runge-Kutta-Fehlberg tira proveito de estimadores de erro para agregar adaptatividade de *h* na malha, o que facilita a captura de comportamentos locais mais acentuados ou o relaxamento do refino de malha quando não for necessário em esquema tão refinado.

Exemplo 2.5

Vamos trabalhar um exemplo com o método de Adams-Bashforth-Moulton (ABM). Como o próprio nome sugere, é um método dito *preditor-corretor* em que, na etapa de predição, usamos o método de Adams-Bashforth e, na etapa de correção, o método de Adams-Moulton.

Para ilustrar esse caso, vamos considerar novamente o PVI:

$$\begin{cases} \dfrac{du}{dt} = f(t, u(t)) \\ u(t_0) = a \end{cases}$$

Solução

Dessa forma, podemos escrever a equação recursiva de Adams-Bashforth como esquema preditor de u^{i+1}, ($s = 2$):

$$\tilde{u}(t^{i+1}) = u(t^i) + \frac{h}{2}\left[-f(t^{i-1}, u(t^{i-1})) + f(t^i, u(t^i))\right]$$

Também podemos escrever a equação recursiva de Adams-Moulton como esquema corretor ($s = 1$):

$$u(t^{i+1}) = u(t^i) + \frac{h}{2}\left[f(t^i, u(t^i)) + f(t^{i+1}, \tilde{u}(t^{i+1}))\right]$$

Podemos perceber que a ordem do método é definida pela quantidade de pontos necessários para escrever o esquema recursivo.

Já o esquema de predição-correção de Adams-Bashforth-Moulton de quarta ordem é escrito na forma:

$$\tilde{u}(t^{i+1}) = u(t^i) + \frac{h}{24}\begin{bmatrix} -9f(t^{i-3}, u(t^{i-3})) + 37f(t^{i-2}, u(t^{i-2})) - \\ -59f(t^{i-1}, u(t^{i-1})) + 55f(t^i, u(t^i)) \end{bmatrix}$$

$$u(t^{i+1}) = u(t^i) + \frac{h}{24}\begin{bmatrix} f(t^{i-2}, u(t^{i-2})) - 5f(t^{i-1}, u(t^{i-1})) + \\ +19f(t^i, u(t^i)) + 9(t^{i+1}, \tilde{u}(t^{i+1})) \end{bmatrix}$$

Erro em esquemas multipassos

Podemos aproveitar um exemplo apresentado por Burden e Faires (2008) para ilustrar o controle do passo com base no erro em esquemas multipassos.

Seja uma aproximação por Adams-Bashforth com $s = 4$ utilizada para predizer $\tilde{u}(t^{i+1})$. Essa resposta é usada para alimentar o modelo de Adams-Moulton com $s = 3$, ou seja, 4 pontos. Nesse caso, Burden e Faires (2008) mostram que a resposta predita e a corrigida satisfazem a inequação:

$$\frac{19q^4}{270} \frac{|u(t^{i+1}) - \tilde{u}(t^{i+1})|}{h} < \varepsilon$$

Por fim, adotamos, de maneira conservadora:

$$q = 1{,}5 \left(\frac{h\varepsilon}{\left|u(t^{i+1}) - \tilde{u}(t^{i+1})\right|} \right)^{0{,}25}$$

2.4 Métodos de extrapolação

O conhecimento do comportamento estimado do erro por meio de uma expansão nos possibilita a previsão desse comportamento de aproximação com base em aproximações sucessivas. Com isso, podemos melhorar a resposta numérica com uma compensação do erro esperado previsto, *a priori*, para o próximo passo de aproximação.

2.4.1 Técnica do ponto médio

Para elaborar uma técnica de extrapolação para resolução de um PVI, podemos, por exemplo, nos basear na formulação da técnica do ponto médio, escrita como:

$$u(t^{i+1}) = u(t^{i-1}) + 2hf\left(t^i, u(t^i)\right)$$

Visivelmente, essa é uma aproximação que gera um erro de segunda ordem, pois corresponde à aproximação em diferenças finitas da primeira deriva de *u* por diferenças centrais. Essa técnica admite o conhecimento de dois pontos anteriores, $u(t^{i-1})$ e $u(t^i)$, para calcular $u(t^{i+1})$.

2.4.2 Primeira extrapolação

Para gerar uma primeira extrapolação, podemos utilizar o método de Euler com $h_0 = \frac{h}{2}$. Logo, escrevemos:

$$u(t^i) = u(t^{i-1}) + h_0 f\left(t^{i-1}, u(t^{i-1})\right)$$

Depois, aplicamos técnica do ponto médio:

$$u(t^{i+1}) = u(t^{i-1}) + 2hf\left(t^i, u(t^i)\right)$$

Por fim, chegamos a uma primeira extrapolação:

$$u_e(t^i) = \frac{1}{2}\left[u(t^{i+1}) + u(t^i) + h_0 f\left(t^{i+1}, u(t^{i+1})\right)\right]$$

Para obtermos extrapolações posteriores, podemos subdividir *h* e escolhermos $h_0 = \frac{h}{4}$ e assim por diante, aplicando o método de Euler e a técnica do ponto médio sucessivamente, conforme descrito por Burden e Faires (2008).

2.4.3 Convergência

Vamos analisar a convergência de uma forma ampla para os métodos de passos múltiplos. Considere:

$$\alpha_s u(t^{i+s}) + \alpha_{s-1} u(t^{i+s-1}) + \ldots + \alpha_0 u(t^i) =$$
$$= h\left[\beta_s f^{i+s} + \beta_{s-1} f^{i+s-1} + \ldots + \beta_0 f^i\right] \quad \text{(XXII)}$$

Em que $f(t^i, u(t^i)) = f^i$, α e β são dependentes de um método particular e $\alpha_s \neq 0$ e $|\alpha_0| + |\beta_0| \neq 0$.

Agora, seja um PVI dado pela equação a seguir, tal que $f(t, u(t))$ satisfaça as condições de Lipschitz:

$$\begin{cases} \dfrac{du}{dt} = f(t, u(t)) \\ u(a) = u(t^0) \end{cases} \quad \text{(XXIII)}$$

Logo, podemos definir que um método de passo múltiplo é convergente se os valores iniciais satisfazem:

$$\lim_{h \to 0} u(t^i)\big|_h = u(t^0); i = 0, 1, \ldots, p-1$$

E se, para qualquer t, as soluções $u^i(h)$ de XXII, com os valores iniciais $u(t^i)_h$, $i = 0, 1, \ldots, p-1$, satisfazem:

$$\lim_{h \to 0} u(t^i) = u(t); ih = t - a$$

Na prática, ao escolhermos h suficientemente pequeno, teremos um método convergente.

De acordo com Sanches e Bezerra (2020, p. 45), "resultados experimentais mostram que, se o par previsor-corretor for da mesma ordem e h satisfizer as condições do teorema, bastam apenas uma ou duas iterações do corretor" para alcançar a convergência.

Aplicação do conhecimento

Nossa aplicação do Capítulo 2 é a mesma que resolvemos no Capítulo 1. A ideia, agora, é podermos comparar os resultados obtidos com métodos diferentes.

Nesse contexto, considere o PVI dado por:

$$\frac{dP}{dt} = r\left(\frac{K-P}{K}\right)P$$

Em que $r = 1$, $K = 100$ e $P(0) = 10$.

Vamos utilizar os métodos de Adams-Bashforth e de Adams-Moulton com s = 2 para esboçar o gráfico de P(t) com 0 ≤ t ≤ 10 e comparar os resultados.

Primeiramente, substituímos os valores conhecidos e escrevemos a notação de acordo com os métodos a serem adotados. Assim, temos:

$$\begin{cases} u'(t) = \dfrac{dP}{dt} \\ u(t) = P(t) \\ u(0) = 10 \end{cases}$$

$$f(t, u(t)) = \left(\dfrac{100-P}{100}\right)P = \left(1 - \dfrac{P}{100}\right)P$$

Por Adams-Bashforth, temos:

$$P(t^{i+1}) = P(t^i) + \dfrac{\Delta t}{2}\left[3f(t^i, u(t^i)) - f(t^{i-1}, u(t^{i-1}))\right]$$

Por Adams-Moulton, temos:

$$P(t^{i+1}) = P(t^i) + \dfrac{\Delta t}{12}\left[5f(t^i, u(t^i)) + 8f(t^i, u(t^i)) - f(t^{i-1}, u(t^{i-1}))\right]$$

Partindo, em ambos os métodos, de uma aproximação por Runge-Kutta de quarta ordem, obtemos os resultados da tabela a seguir.

Tabela 2.1 – Comparação entre os métodos de Adams-Bashforth e de Adams-Moulton

I	t^i	Runge-Kutta de quarta ordem $P(t^i)$	MAB s = 2	MAM s = 2
0	0	10	10	10
1	1	23,160262	23,16	23,16
2	2	45,006687	45,35	37,44
3	3	68,97637	73,63	57,53
4	4	85,759185	90,36	78,21
5	5	94,186827	93,72	95,04
6	6	9,7465	**98,19**	104,19
7	7	99,144181	97,91	105,35
8	8	99,677532	100,09	102,04
9	9	99,878857	98,93	98,91

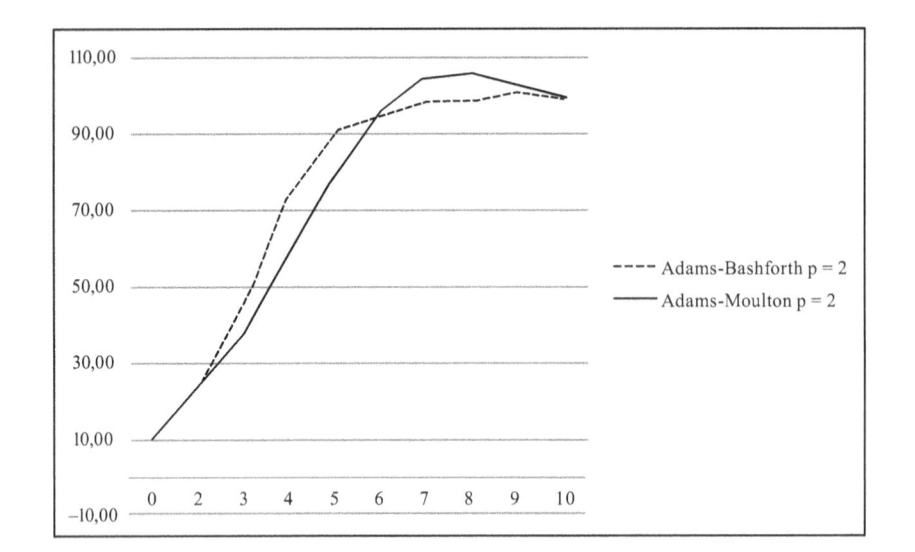

Gráfico 2.3 – Comparação entre os métodos de Adams-Bashforth e de Adams-Moulton

Síntese

Neste segundo capítulo, apresentamos métodos baseados em estratégias de múltiplos passos.

Entre eles, vimos os métodos de Adams, explícitos na formulação de Adams-Bashforth e implícitos na formulação de Adams-Moulton, ambos baseados em interpolação de múltiplos passos.

Em seguida, abordamos métodos de predição e correção como forma de contornar as desvantagens de métodos implícitos, acoplando-os a métodos explícitos como preditores.

Com a análise de erros, vimos métodos de multipassos variáveis com o controle do refino de malha baseado em predição e correção. Por fim, comentamos estratégias de extrapolação de soluções segundo estimativas de erro baseadas em expansões.

ATIVIDADES DE AUTOAVALIAÇÃO

1) Seja o PVI dado por $\begin{cases} \dfrac{dy}{dx} = 4y \\ y(0) = 0 \end{cases}$ de segunda ordem (s = 2), calcule uma aproximação para x = 1 usando h = 0,01. Depois, assinale a alternativa que contém esse resultado:

   a. y(1) = 50,5049
   b. y(1) = 54,6237
   c. y(1) = 55,6
   d. y(1) = 20,5049
   e. y(1) = 55

2) Leia o trecho a seguir.

   O método de Adams-Moulton, assim como o método de Adams-Bashforth, é um método de passo múltiplo. A diferença entre estes dois métodos é que Adams-Bashforth é explícito, enquanto Adams-Moulton é implícito, isto é, os valores de *f(t, u)*, nos passos *n, n + 1, ..., n + s – 1* e, inclusive, *n + s* são utilizados ao calcular *f* em $t^{(n+s)}$. (Justo et al., 2020, p. 309)

   Baseado nas equações enunciadas e no conteúdo deste capítulo sobre os métodos de passos múltiplos, indique, na ordem sequencial, as explicações que se relacionam a cada um dos seguintes elementos:

   A. $u^{(n+4)} = u^{(n+3)} + \dfrac{h}{24}\left[55f^{(n+3)} - 59f^{(n+2)} + 37f^{(n+1)} - 9f^{(n)}\right]$

   B. $u^{(n+4)} = u^{(n+3)} + \dfrac{h}{24}\left[9f^{(n+4)} + 19f^{(n+3)} - 5f^{(n+2)+f^{(n+1)}}\right]$

   C. O erro local de truncamento do método de Adams-Bashforth com *s* passos.

   D. O método de Adams-Moulton mais conhecido é o de quatro estágios e erro.

   ( ) Ordem s + 1, erro global de ordem *s*.
   ( ) Truncamento de quinta ordem, h^5.
   ( ) Relação de recorrência do método de Adams-Bashforth de quatro estágios (s = 4).
   ( ) Relação de recorrência do método de Adams-Moulton de quatro estágios (s = 3).

   Agora, marque a alternativa que contém a sequência correta:

   a. D – C – A – B.
   b. A – C – D – B.
   c. C – A – D – B.
   d. C – D – A – B.
   e. C – B – A – D.

3) O método de Adams-Moulton pode ser escrito de acordo com a quantidade de passos que desejamos utilizar. Segundo Justo et al. (2020, p. 310), a equação de recorrência para o método é dada por:

$$u^{(n+s)} = u^{(n+s-1)} + h\sum_{j=0}^{s}\beta_j f\left(t^{(n+j)}, u^{(n+j)}\right)$$

Para s = 3, temos:

$$u^{(n+3)} = u^{(n+2)} + h\left[b_3 f^{(n+3)} + b_2 f^{(n+2)} + b_1 f^{(n+1)} + b_0 f^{(n)}\right]$$

Assim, encontre os valores para b_0, b_1, b_2 e b_3 tal que o método seja exato para polinômios até ordem 3. Depois, marque a alternativa que contém a resposta correta:

a. $[b_0, b_1, b_2, b_3] = [9, 19, -5, 1]$

b. $[b_0, b_1, b_2, b_3] = \left[0, -\dfrac{1}{12}, \dfrac{2}{3}, \dfrac{5}{12}\right]$

c. $[b_0, b_1, b_2, b_3] = \left[1, \dfrac{1}{2}, \dfrac{1}{3}, \dfrac{1}{4}\right]$

d. $[b_0, b_1, b_2, b_3] = \left[-\dfrac{9}{24}, \dfrac{37}{24}, -\dfrac{59}{24}, \dfrac{55}{24}\right]$

e. $[b_0, b_1, b_2, b_3] = \left[\dfrac{1}{24}, -\dfrac{5}{24}, \dfrac{19}{24}, \dfrac{9}{24}\right]$

4) Para Rosseal, Brandi e Berlandi (2020), o método de Adams-Bashforth de quatro passos é dado por:

$$y_{n+1} = y_n + \frac{h}{24}[55f_n - 59f_{n-1} + 37f_{n-2} - 9f_{n-3}]$$

Já o método de Adams-Moulton também de quatro passos é representado por:

$$y_{n+1} = y_n + \frac{h}{24}[9f_{n+1} + 19f_n - 5f_{n-1} + f_{n-2}]$$

Juntos, os métodos de Adams constituem um exemplo de um método de predição-correção: o de Adams-Bashforth atua como previsor e o de Adams-Moulton age como corretor.

Agora, considere o PVI seguinte para $x \in [1, 2]$:

$$\begin{cases} \dfrac{dy}{dx} = \dfrac{e^{-3x} - (3x+1)y}{x} \\ y(1) = 0 \end{cases}$$

Com base nessas informações, marque a alternativa correta:

a. Para n = 3 e x_i = 1,3, tem-se solução igual a 0,0047.
b. Para n = 2 e x_i = 1,3, tem-se solução igual a 0,0046.
c. Para n = 3 e x_i = 1,3, tem-se solução igual a 0,0039.
d. Para n = 2 e x_i = 1,2, tem-se solução igual a 0,0047.
e. Para n = 4 e x_i = 1,4, tem-se solução igual a 0,0047.

5) Considere o esquema $P(EC)^mE$:

$y_{k+n}^{[0]} + \sum_{j=0}^{n-1} \alpha_j^* y_{k+j}^{[m]} = h \sum_{j=0}^{n-1} \beta_j^* f_{k+j}^{[m]}$ Para s = 0, 1, ..., m − 1.	**Prediz**
$f_{k+n}^{[s]} = f(t_{k+n}, y_{k+n}^{[s]})$	**Avalia**
$y_{k+n}^{[s+1]} + \sum_{j=0}^{n-1} \alpha_j y_{k+j}^{[m]} = h\beta_n f_{k+n}^{[s]} h \sum_{j=0}^{n-1} \beta_j f_{k+j}^{[m]}$	**Corrige**
$f_{k+n}^{[m]} = f(t_{k+n}, y_{k+n}^{[m]})$	**Avalia**

Em que:

$$P: u_{i+4} - u_i = \frac{4}{3}h[2f_{i+3} - f_{i+2} + 2f_{i+1}];$$

$$C^{(1)}: u_{i+2} - u_i = \frac{1}{3}h[f_{i+2} + 4f_{i+1} + f_i];$$

$$C^{(2)}: u_{i+3} - \frac{9}{8}u_{i+2} + \frac{1}{8}u_i = \frac{3}{8}h[f_{i+3} + 2f_{i+2} - f_{i+1}]$$

Agora, marque a alternativa que contém o algoritmo que utiliza P e $C^{(1)}$ no modo $P(EC)^mE$:

a.

P:	$u_{i+4}^{[0]} - u_i^{[1]} = \frac{4}{3}h[2f_{i+3}^{[1]} - f_{i+2}^{[1]} + 2f_{i+1}^{[1]}]$
E:	$f_{i+4}^{[0]} = f(t_{i+4}, u_{i+4}^{[0]})$
C:	$u_{i+4}^{[1]} - u_i^{[1]} = \frac{1}{3}h[f_{i+4}^{[0]} + 4f_{i+3}^{[1]} + f_{i+2}^{[1]}]$
E:	$f_{i+4}^{[1]} = f(t_{i+4}, u_{i+4}^{[1]})$

b.

P:	$u_{i+4}^{[0]} - u_i^{[1]} = \dfrac{4}{3}h\left[2f_{i+3}^{[1]} - f_{i+2}^{[1]} + 2f_{i+1}^{[1]}\right]$
E:	$f_{i+4}^{[0]} = f\left(t_{i+4}, u_{i+4}^{[0]}\right)$
C:	$u_{i+4}^{[0]} - u_i^{[0]} = \dfrac{1}{3}h\left[f_{i+4}^{[0]} + 4f_{i+3}^{[0]} + f_{i+2}^{[0]}\right]$
E:	$f_{i+4}^{[1]} = f\left(t_{i+4}, u_{i+4}^{[1]}\right)$

c.

P:	$u_{i+4}^{[0]} - u_i^{[1]} = \dfrac{4}{3}h[2f_{i+3}^{[1]} - f_{i+2}^{[1]} + 2f_{i+1}^{[1]}]$
E:	$f_{i+4}^{[0]} = f(t_{i+4}, u_{i+4}^{[0]})$
C:	$u_{i+4}^{[1]} - u_i^{[1]} = \dfrac{4}{3}h[2f_{i+4}^{[0]} - f_{i+3}^{[1]} + 2f_{i+2}^{[1]}]$
E:	$f_{i+4}^{[1]} = f(t_{i+4}, u_{i+4}^{[1]})$

d.

P:	$u_{i+4}^{[0]} - u_i^{[1]} = \dfrac{1}{3}h[2f_{i+3}^{[1]} - f_{i+2}^{[1]} + 2f_{i+1}^{[1]}]$
E:	$f_{i+4}^{[0]} = f(t_{i+4}, u_{i+4}^{[0]})$
C:	$u_{i+4}^{[1]} - u_i^{[1]} = \dfrac{4}{3}h[f_{i+4}^{[0]} + 4f_{i+3}^{[1]} + f_{i+2}^{[1]}]$
E:	$f_{i+4}^{[1]} = f(t_{i+4}, u_{i+4}^{[1]})$

e.

P:	$u_{i+4}^{[0]} - u_i^{[0]} = \dfrac{4}{3}h[2f_{i+3}^{[0]} - f_{i+2}^{[0]} + 2f_{i+1}^{[0]}]$
E:	$f_{i+4}^{[0]} = f(t_{i+4}, u_{i+4}^{[0]})$
C:	$u_{i+4}^{[1]} - u_i^{[1]} = \dfrac{1}{3}h[f_{i+4}^{[0]} - 4f_{i+3}^{[1]} + f_{i+2}^{[1]}]$
E:	$f_{i+4}^{[1]} = f(t_{i+4}, u_{i+4}^{[1]})$

Atividades de aprendizagem

Questões para reflexão

1) A atividade de autoavaliação 5 do Capítulo 1 utiliza o mesmo PVI que a atividade de autoavaliação 1 do Capítulo 2. Percebe-se que os resultados obtidos são diferentes, e isso é esperado, pois foram utilizados métodos numéricos diferentes. Qual método foi mais preciso para esse PVI: Euler ou Adams-Bashforth de segunda ordem?

2) A escolha entre um método de múltiplos passos e um método de passo único, em geral, dá-se pela análise da estabilidade e da consistência do PVI. Pesquise e compare os métodos de múltiplos passos com os métodos de passo único em relação ao custo computacional e à velocidade de convergência. Discuta a escolha um ou outro no caso de PVIs.

Atividade aplicada: prática

1) Vamos fazer uma prática da programação. Para isso, sugerimos algumas linguagens:
Python: <https://www.python.org/>
Gnu Octave: <https://www.gnu.org/software/octave/>
Scilab: <https://www.scilab.org/>

A sugestão dessas linguagens se dá pelo fato de se tratarem de linguagens de alto nível pensadas para o desenvolvimento da programação científica. Dessa forma, também estarão um pouco mais próximas da linguagem do usuário.

No entanto, caso você tenha domínio em linguagens de baixo nível, estas também podem ser usadas.

Como os métodos numéricos raramente são resolvidos à mão quando trabalhamos com problemas aplicados, a ideia é a que tenhamos uma prática inicial. É possível usar como referência trechos de código que deixamos ao longo desta obra.

Nos capítulos anteriores, vimos equações diferenciais que envolviam somente a primeira derivada de uma função, ou seja, equações diferenciais de primeira ordem. No entanto, na modelagem de diversos problemas surge a necessidade de utilizarmos derivadas de ordem superior.

Agora, veremos a resolução de problemas regidos por equações diferenciais ordinárias (EDOs) de ordem superior, abrangendo modelos como sistemas massa-mola, deformações lineares de sólidos e circuitos elétricos RLC.

Ao longo deste capítulo, apresentaremos definições de EDOs de ordem superior e como transformá-las numa análise de diversas EDOs de primeira ordem acopladas por meio de um sistema de equações. Portanto, vamos revisitar alguns métodos para a solução numérica apresentados nas seções anteriores, com o enfoque de solução de sistemas de EDOs de primeira ordem. Nesse contexto, abordaremos aspectos que envolvem a estabilidade de solução numérica no tempo, bem como características inerentes de certas EDOs chamadas *rígidas*, que devem ser observadas para a sua correta modelagem numérica.

3

Métodos para equações diferenciais de ordem superior e sistemas de equações diferenciais

3.1 EDO de ordem superior e sistema de equações diferenciais associado

Apesar da extensão dos conceitos ser poderosa no sentido de aplicabilidade, a estratégia numérica de solução herda vários aspectos já discutidos para o caso de primeira ordem. Isso se deve ao fato de que iremos procurar traduzir a equação diferencial de ordem superior num sistema de equações diferenciais de primeira ordem por meio de substituições de variáveis simples.

3.1.1 Substituição de variáveis para geração do sistema de EDOs

Inicialmente, para contemplar derivadas de ordem n, estenderemos a notação do PVI apresentado anteriormente como:

$$\frac{du}{dt} = f(t, u(t))$$

Assim, escrevemos:

$$\frac{d^n u}{dt^n} = f\left(t, u, \frac{du}{dt}, \frac{d^2 u}{dt^2}, \ldots, \frac{d^{n-1} u}{dt^{n-1}}\right) \tag{I}$$

Isso define uma equação diferencial de ordem superior de maneira análoga.

Naturalmente, é necessário estipular condições iniciais para cada uma das derivadas até a ordem n – 1. Ou seja, $u(t_0) = \beta_0^0$, $\frac{du}{dt}(t_0) = \beta_0^1$, $\frac{d^2 u}{dt^2}(t_0) = \beta_0^2$, $\frac{d^3 u}{dt^3}(t_0) = \beta_0^3$, ..., $\frac{d^{n-1} u}{dt^{n-1}}(t_0) = \beta_0^{n-1}$.

Logo, podemos transformar a equação diferencial num sistema de equações diferenciais associando cada derivada de ordem j, com j de 0 a n – 1, a uma variável $v_j = \frac{d^j u}{dt^j}$. Assim, com as respectivas condições iniciais, a EDO fica da seguinte forma:

$$\frac{d^n u}{dt^n} = f(t, v_0, v_1, v_2, \ldots, v_{n-1}) \tag{II}$$

É importante notar que, ao escolhermos $v_j = \dfrac{d^j u}{dt^j}$, construímos um sistema de equações diferenciais lineares:

$$\begin{cases} \dfrac{du}{dt} = f_1(t, v_0, v_1, \ldots, v_{n-1}) \\ \dfrac{d^2 u}{dt^2} = f_2(t, v_0, v_1, \ldots, v_{n-1}) \\ \quad \vdots \\ \dfrac{d^n u}{dt^n} = f_n(t, v_0, v_1, \ldots, v_{n-1}) \end{cases} \qquad \text{(III)}$$

Solução pelos métodos de Euler

Os métodos de passo simples apresentados para solução numérica de um PVI podem ser facilmente estendidos para a solução de sistemas de equações diferenciais, com a imposição de um valor inicial.

Esse procedimento consiste em simplesmente dar um passo no tempo utilizando o método escolhido para cada equação do sistema.

Para o caso do **método explícito de Euler**, escrevemos o processo iterativo para cada uma das n equações diferenciais provenientes da EDO de ordem n. Ou seja, para cada uma das equações, temos:

$$\frac{dv_j}{dt} = f(t, v_0, v_1, v_2, \ldots, v_{n-1})$$

Portanto, chegamos a:

$$v_j(t^{i+1}) = v_j(t^i) + h f(t, v_0, v_1, v_2, \ldots, v_{n-1}) \qquad \text{(IV)}$$

Exemplo 3.1

Vamos usar o método de Euler para obter a solução para um sistema de equações diferenciais do tipo:

$$\begin{cases} \dfrac{du}{dt} = w \\ \dfrac{dw}{dt} = u + e^t \end{cases}$$

Em que $u(0) = 1$, $w(0) = 0$, $t \in [0;\, 0{,}2]$ e $h = 0{,}1$.

Solução
Pela regra de Euler, escrevemos:

$$\begin{bmatrix} u^{i+1} \\ w^{i+1} \end{bmatrix} = \begin{bmatrix} u^i \\ w^i \end{bmatrix} + h \begin{bmatrix} w^i \\ u^i + e^{t^i} \end{bmatrix}$$

Se fizermos i = 0, teremos:

$$\begin{bmatrix} u^1 \\ w^1 \end{bmatrix} = \begin{bmatrix} u^0 \\ w^0 \end{bmatrix} + h \begin{bmatrix} w^0 \\ u^0 + e^{t^0} \end{bmatrix}$$

Assim:

$$\begin{bmatrix} u^1 \\ w^1 \end{bmatrix} = \begin{bmatrix} 1 \\ 0 \end{bmatrix} + 0,1 \begin{bmatrix} 0 \\ 1+1 \end{bmatrix} = \begin{bmatrix} 1 \\ 0,2 \end{bmatrix}$$

Se fizermos i = 1, teremos:

$$\begin{bmatrix} u^2 \\ w^2 \end{bmatrix} = \begin{bmatrix} u^1 \\ w^1 \end{bmatrix} + h \begin{bmatrix} w^1 \\ u^1 + e^{t^1} \end{bmatrix}$$

Assim:

$$\begin{bmatrix} u^2 \\ w^2 \end{bmatrix} = \begin{bmatrix} 1 \\ 0,2 \end{bmatrix} + 0,1 \begin{bmatrix} 0,2 \\ 1+e^{0,2} \end{bmatrix} = \begin{bmatrix} 1,02 \\ 0,4221 \end{bmatrix}$$

Com esses resultados, podemos escrever as aproximações u(0, 2) ≈ 1,02 e z(0,2) ≈ 0,4221.

Vimos que o método de Euler pode ser repensado de forma que possamos usar uma média entre o valor final e inicial, dando origem ao **método de Euler modificado**, ou *método de Heun*. Assim, para ter uma aproximação melhor, utilizamos uma função que é a média entre o valor inicial e final, ou seja:

$$\overline{f} = \frac{f_{i+1}(t, v_0, v_1, v_2, ..., v_{n-1}) + f_i(t, v_0, v_1, v_2, ..., v_{n-1})}{2} \qquad \textbf{(V)}$$

Em que f_i denota a função f calculada no passo de tempo i.

Precisamos, ainda, calcular as inclinações k_1 e k_2 de forma que:

$$v_j(t^{i+1}) = v_j(t^i) + \frac{h}{2}(k_1 + k_2) \qquad \textbf{(VI)}$$

Em que:

$$k_1 = f(t^i, v_0, v_1, v_2, ..., v_{n-1})$$
$$k_2 = f\big(t^i + h, v_0(t^i) + hk_1, v_1(t^i) + hk_1, v_2(t^i) + hk_1, ..., v_{n-1}(t^i) + hk_1\big)$$

Exemplo 3.2

Seja um sistema de equações diferenciais do tipo:

$$\begin{cases} \dfrac{du}{dt} = w \\ \dfrac{dw}{dt} = u + e^t \end{cases}$$

Em que $u(0) = 1$, $w(0) = 0$, $t \in [0;\ 0,2]$ e $h = 0,1$.

Vamos aproximar a solução utilizando o método de Heun.

Solução

Inicialmente, escrevemos:

$$\begin{bmatrix} u^{i+1} \\ w^{i+1} \end{bmatrix} = \begin{bmatrix} u^i \\ w^i \end{bmatrix} + \frac{h}{2}(k_1 + k_2)$$

Com $k_1 = f\left(t_0, \begin{bmatrix} u_0 \\ w_0 \end{bmatrix}\right) = \begin{bmatrix} w_0 \\ u_0 + e^{t_0} \end{bmatrix}$ e $k_2 = f\left(t_0 + h, \begin{bmatrix} u_0 \\ w_0 \end{bmatrix} + hk_1\right)$.

Se fizermos $i = 0$, teremos:

$$k_1 = \begin{bmatrix} w_0 \\ u_0 + e^{t_0} \end{bmatrix} = \begin{bmatrix} 0 \\ 1 + e^0 \end{bmatrix} = \begin{bmatrix} 0 \\ 2 \end{bmatrix}$$

$$k_2 = f\left(t_0 + h, \begin{bmatrix} u_0 \\ w_0 \end{bmatrix} + hk_1\right) = f\left(0 + h, \begin{bmatrix} 1 \\ 0 \end{bmatrix} + h\begin{bmatrix} 0 \\ 2 \end{bmatrix}\right) = f\left(0,1; \begin{bmatrix} 1 \\ 0,2 \end{bmatrix}\right) = \begin{bmatrix} 0,2 \\ 2,1052 \end{bmatrix}$$

$$\begin{bmatrix} u^1 \\ w^1 \end{bmatrix} = \begin{bmatrix} u^0 \\ w^0 \end{bmatrix} + \frac{h}{2}(k_1 + k_2)$$

Assim, chegamos a:

$$\begin{bmatrix} u^1 \\ w^1 \end{bmatrix} = \begin{bmatrix} 1 \\ 0 \end{bmatrix} + \frac{0,1}{2}\left(\begin{bmatrix} 0 \\ 2 \end{bmatrix} + \begin{bmatrix} 0,2 \\ 2,1052 \end{bmatrix}\right) = \begin{bmatrix} 1,01 \\ 0,20526 \end{bmatrix}$$

Se fizermos $i = 1$, teremos:

$$k_1 = \begin{bmatrix} w_1 \\ u_1 + e^{t_1} \end{bmatrix} = \begin{bmatrix} 0,20526 \\ 1,01 + e^{0,1} \end{bmatrix} = \begin{bmatrix} 0,20526 \\ 2,1152 \end{bmatrix}$$

$$k_2 = f\left(t_1 + h, \begin{bmatrix} u_1 \\ w_1 \end{bmatrix} + hk_1\right) = f\left(0{,}1 + h, \begin{bmatrix} 1{,}01 \\ 0{,}20526 \end{bmatrix} + h\begin{bmatrix} 0{,}20526 \\ 2{,}1152 \end{bmatrix}\right) =$$

$$= f\left(0{,}2; \begin{bmatrix} 1{,}03053 \\ 0{,}41678 \end{bmatrix}\right) = \begin{bmatrix} 0{,}41678 \\ 2{,}2519 \end{bmatrix}$$

$$\begin{bmatrix} u^2 \\ w^2 \end{bmatrix} = \begin{bmatrix} u^1 \\ w^1 \end{bmatrix} + \frac{h}{2}(k_1 + k_2)$$

Assim, chegamos:

$$\begin{bmatrix} u^2 \\ w^2 \end{bmatrix} = \begin{bmatrix} 1{,}01 \\ 0{,}20526 \end{bmatrix} + \frac{0{,}1}{2}\left(\begin{bmatrix} 0{,}20526 \\ 2{,}1152 \end{bmatrix} + \begin{bmatrix} 0{,}41678 \\ 2{,}2519 \end{bmatrix}\right) = \begin{bmatrix} 1{,}10411 \\ 0{,}42362 \end{bmatrix}$$

Com esses resultados, podemos escrever as aproximações u(0, 2) ≈ 1,04ll e z(0,2) ≈ 0,42362).

Solução pelo método de Runge-Kutta de quarta ordem

De forma análoga ao que desenvolvemos para o método de Euler para o sistema de equações diferenciais decorrente da EDO da ordem superior, podemos estender a aplicação do método de Runge-Kutta de quarta ordem para esses casos.

Quanto às **constantes de taxa de variação instantânea**, no método de Runge-Kutta de quarta ordem a aproximação se dá de forma iterativa com base numa inclinação da predição calculada a partir de quatro taxas de variação auxiliares (k_1, k_2, k_3, k_4).

Primeiramente, calculamos k_1 em relação ao ponto inicial do intervalo de integração no tempo (*i*). Com base em k_1, é calculada a inclinação no ponto médio do intervalo $(t^i + \frac{h}{2})$, k_2. Com essas duas constantes, retornamos ao ponto inicial do intervalo para estimarmos novamente a taxa de variação no ponto médio, k_3. Por fim, com k_1, k_2 e k_3, calculamos k_4, referente ao ponto final do intervalo de integração no tempo (t^{i+1}).

Dessa forma, as constantes *k* são calculadas para o caso de múltiplas EDOs:

$$k_1 = f\left(t^i, u(t^i)\right) = f(t^i, v_0, v_1, v_2, \ldots, v_{n-1})$$

$$k_2 = f\left(t^i + \frac{h}{2}, v_0(t^i) + \frac{h}{2}k_1, v_1(t^i) + \frac{h}{2}k_1, v_2(t^i) + \frac{h}{2}k_1, \ldots, v_{n-1}(t^i) + \frac{h}{2}k_1\right)$$

$$k_3 = f\left(t^i + \frac{h}{2}, v_0(t^i) + \frac{h}{2}k_2, v_1(t^i) + \frac{h}{2}k_2, v_2(t^i) + \frac{h}{2}k_2, \ldots, v_{n-1}(t^i) + \frac{h}{2}k_2\right)$$

$$k_4 = f\left(t^{i+1}, v_0(t^i) + k_3, v_1(t^i) + k_3, v_2(t^i) + k_3, \ldots, v_{n-1}(t^i) + k_3\right)$$

De posse das constantes *k*, o **procedimento iterativo** é facilmente descrito por meio de uma taxa média ponderada de variação no intervalo com a seguinte expressão:

$$v_j(t^{i+1}) = v_j(t^i) + \frac{h}{6}[k_1 + 2k_2 + 2k_3 + k_4] \qquad \text{(VII)}$$

Exemplo 3.3

Seja um sistema de equações diferenciais do tipo:

$$\begin{cases} \dfrac{du}{dt} = w \\ \dfrac{dw}{dt} = u + e^t \end{cases}$$

Em que $u(0) = 1$, $w(0) = 0$, $t \in [0; 0,2]$ e $h = 0,1$.

Vamos aproximar a solução pelo método de Runge-Kutta de quarta ordem.

Solução

Inicialmente, escrevemos:

$$\begin{bmatrix} u^{i+1} \\ w^{i+1} \end{bmatrix} = \begin{bmatrix} u^i \\ w^i \end{bmatrix} + \frac{h}{6}(k_1 + 2k_2 + 2k_3 + k_4)$$

Se fizermos $i = 0$, teremos:

$$k_1 = f\left(t_0, \begin{bmatrix} u_0 \\ w_0 \end{bmatrix}\right) = \begin{bmatrix} 0 \\ 2 \end{bmatrix}$$

$$k_2 = f\left(t_0 + \frac{h}{2}, \begin{bmatrix} u_0 \\ w_0 \end{bmatrix} + \frac{h}{2}k_1\right) = \begin{bmatrix} 0,1 \\ 2,0513 \end{bmatrix}$$

$$k_3 = f\left(t_0 + \frac{h}{2}, \begin{bmatrix} u_0 \\ w_0 \end{bmatrix} + \frac{h}{2}k_2\right) = \begin{bmatrix} 0,1026 \\ 2,0563 \end{bmatrix}$$

$$k_4 = f\left(t_0 + h, \begin{bmatrix} u_0 \\ w_0 \end{bmatrix} + hk_3\right) = \begin{bmatrix} 0,2056 \\ 2,1154 \end{bmatrix}$$

$$\begin{bmatrix} u^1 \\ w^1 \end{bmatrix} = \begin{bmatrix} u^0 \\ w^0 \end{bmatrix} + \frac{h}{6}(k_1 + 2k_2 + 2k_3 + k_4)$$

Assim:

$$\begin{bmatrix} u^1 \\ w^1 \end{bmatrix} = \begin{bmatrix} 1 \\ 0 \end{bmatrix} + \frac{0,1}{6}\left(\begin{bmatrix} 0 \\ 2 \end{bmatrix} + 2\begin{bmatrix} 0,1 \\ 2,0513 \end{bmatrix} + 2\begin{bmatrix} 0,1026 \\ 2,0563 \end{bmatrix} + \begin{bmatrix} 0,2056 \\ 2,1154 \end{bmatrix}\right) = \begin{bmatrix} 1,0102 \\ 0,2055 \end{bmatrix}$$

Se fizermos $i = 1$, teremos:

$$k_1 = f\left(t_1, \begin{bmatrix} u_1 \\ w_1 \end{bmatrix}\right) = \begin{bmatrix} 0,2055 \\ 2,1154 \end{bmatrix}$$

$$k_2 = f\left(t_1 + \frac{h}{2}, \begin{bmatrix} u_1 \\ w_1 \end{bmatrix} + \frac{h}{2}k_1\right) = \begin{bmatrix} 0,3113 \\ 2,1823 \end{bmatrix}$$

$$k_3 = f\left(t_1 + \frac{h}{2}, \begin{bmatrix} u_1 \\ w_1 \end{bmatrix} + \frac{h}{2}k_2\right) = \begin{bmatrix} 0{,}3146 \\ 2{,}1876 \end{bmatrix}$$

$$k_4 = f\left(t_1 + h, \begin{bmatrix} u_1 \\ w_1 \end{bmatrix} + hk_3\right) = \begin{bmatrix} 0{,}4243 \\ 2{,}2630 \end{bmatrix}$$

$$\begin{bmatrix} u^2 \\ w^2 \end{bmatrix} = \begin{bmatrix} u^1 \\ w^1 \end{bmatrix} + \frac{h}{6}(k_1 + 2k_2 + 2k_3 + k_4)$$

Assim:

$$\begin{bmatrix} u^2 \\ w^2 \end{bmatrix} = \begin{bmatrix} 1{,}0102 \\ 0{,}2055 \end{bmatrix} + \frac{0{,}1}{6}\left(\begin{bmatrix} 0{,}2055 \\ 2{,}1154 \end{bmatrix} + 2\begin{bmatrix} 0{,}3113 \\ 2{,}1823 \end{bmatrix} + 2\begin{bmatrix} 0{,}3146 \\ 2{,}1876 \end{bmatrix} + \begin{bmatrix} 0{,}4243 \\ 2{,}2630 \end{bmatrix}\right) = \begin{bmatrix} 1{,}0415 \\ 0{,}4241 \end{bmatrix}$$

Com esses resultados, podemos escrever as aproximações $u(0,2) \approx 1{,}0415$ e $z(0,2) \approx 0{,}4241$.

3.1.2 Estabilidade numérica

A escolha de utilização de determinado método numérico permeia diversos aspectos, como grau de acurácia desejado, custo computacional e tipo de aplicação. Além desses aspectos, há casos em que determinados métodos têm garantias teóricas de que funcionarão como desejado, enquanto outros não são adequados.

Nesse sentido, devemos avaliar os métodos de escolha conforme a estabilidade na aplicação. No contexto de estabilidade numérica, há dois conceitos-chaves: **convergência** e **consistência**, que vamos definir com precisão a seguir.

Primeiramente, dizemos que um método é **convergente** se o refino arbitrário da malha implica aproximação da resposta aproximada em relação à resposta verdadeira do problema. Ou seja, um método é convergente se obedecer à condição:

$$\lim_{h \to 0} \max_{0 \le i \le N-1} |\bar{u}_i - u_i| = 0 \qquad \textbf{(VIII)}$$

Em que $\bar{u}_i$ aproxima u_i no i-ésimo passo numa malha temporal de abertura h.

Por outro lado, por se tratar de uma aproximação numérica, devemos nos preocupar em como os erros de truncamento impactam a solução. Assim, um método é **consistente** se o erro de truncamento $\tau(h)$ associado a uma malha de abertura h diminui arbitrariamente à medida que a malha é refinada. Ou seja, um método é consistente se obedecer à condição:

$$\lim_{h \to 0} \max_{0 \le i \le N-1} |\tau_i(h)| = 0 \qquad \textbf{(IX)}$$

Para finalizarmos, faremos a apresentação de um resultado que define de forma objetiva a **estabilidade** de um método numérico no contexto da solução numérica de PVIs.

Para isso, consideremos um método numérico para o PVI de primeira ordem escrito de forma que a solução aproximada ū é obtida como:

$$\bar{u}_{i+1} = \bar{u}_i + h * g(t_i, u_i, h) \tag{X}$$

Vamos supor que exista um tamanho máximo de malha $h_0 > 0$ tal que $g(t_i, u_i, h)$ seja Lipschitz contínua em relação à variável u, com constante de Lipschitz de valor k para o domínio:

$$D = \left\{ \frac{g(t, u, h)}{t_{inicial}} \leq t \leq t_{final}, u \in \mathbb{R}, 0 \leq h \leq h_0 \right\}$$

Então, podemos afirmar que o método é estável e consistente se, e somente se, é convergente. Se o erro de truncamento num nó da malha $|\tau_i(h)|$ é limitado superiormente pelo erro de truncamento global $\tau(h)$ num intervalo de malha $0 \leq h \leq h_0$, então, temos:

$$\left| \bar{u}_i - u_i \right| \leq \frac{\tau(h)}{k} e^{k(t - t_{inicial})} \tag{XI}$$

3.2 Equações diferenciais rígidas

Podemos entender equações diferenciais rígidas como aquelas em que termos de grande variação ao longo do tempo coexistem com termos de pouca variação. Esse tipo de equação diferencial se caracteriza intrinsecamente pela natureza de variação abrupta na resposta do problema e/ou em suas derivadas.

Em geral, problemas rígidos apresentam solução analítica que contém um termo da forma e^{-st}, com $s \gg 1$. Logo, esse termo tende a sumir rapidamente à medida que se avança no tempo. No entanto, seu efeito na n-ésima derivada é da forma $s^n e^{-st}$ e tende a persistir dada a magnitude de s – portanto, há uma dificuldade em mantermos limitada a respectiva derivada, impactando na estabilidade da solução numérica.

3.2.1 Condições de estabilidade no tempo

Analisemos, inicialmente, uma EDO de primeira ordem, como as que aparecem em cada uma das equações diferenciais do sistema gerado por uma equação diferencial de ordem superior. Por exemplo, temos a seguinte EDO, sujeita à condição inicial $u(t = 0) = u_0$:

$$\frac{du}{dt} = -ku$$

Essa EDO tem como solução analítica a expressão:

$$u = u_0 e^{-kt}$$

Se formos resolver essa EDO numericamente pelo método de Euler, por exemplo, teremos o seguinte procedimento iterativo:

$$u_{i+1} = u_i + h\frac{du}{dt}$$

Ou seja, utilizando o conhecimento da EDO em questão, temos:

$$u_{i+1} = u_i - ku_i h$$
$$u_{i+1} = u_i(1 - kh)$$

Se desejamos que a variável temporal seja limitada no tempo, devemos impor que o fator multiplicativo $(1 - kh)$ contenha a evolução temporal. Dessa forma, devemos ter $|1 - kh| < 1$. Portanto, para uma resposta estável no tempo, devemos escolher h limitado: $h < \frac{2}{k}$. Nesse caso, notemos que o método explícito de Euler, como formulado, é condicionalmente estável.

Aplicação do conhecimento

Vamos considerar o PVI associado ao modelo de oscilação de um pêndulo simples de massa m, comprimento de corda l, de posição angular em relação à vertical θ, posição inicial $\theta(0) = \theta_0$, velocidade angular inicial de $\frac{d\theta}{dt}(0) = \dot{\theta}_0$ e aceleração da gravidade g.

Com essa configuração física, o PVI pode ser escrito segundo o equilíbrio energético:

$$ml\frac{d^2\theta}{dt^2} = mg\theta$$

Sabendo que θ varia em valores baixos, podemos escrever:

$$\frac{d^2\theta}{dt^2} - \frac{g}{l}\theta = 0$$

Agora, vamos adotar $\theta(0) = 0$, $\frac{d\theta}{dt}(0) = 0,5 \text{ rad/s}$, $l = 0,4 \text{ m}$, $g = 9,81\frac{m}{s^2}$ e um intervalo de tempo de análise de acordo com a necessidade, para observarmos o comportamento da resposta. Com base nessa contextualização, iremos fazer o seguinte:

- Analisar a estabilidade, para o método de Euler explícito, de um valor crítico de h, se houver.
- Pelo método de Euler, calcular a resposta ao longo do tempo para $\theta(t)$ e $\frac{d\theta}{dt}(t)$ para dois valores distintos de h, um pequeno e um grande, e discutir a diferença nas respostas.
- Pelo método de Euler modificado, calcular a resposta ao longo do tempo para $\theta(t)$ e $\frac{d\theta}{dt}(t)$ para dois valores distintos de h, um pequeno e um grande, e discutir a diferença nas respostas.

- Pelo método de Runge-Kutta de quarta ordem, calcular a resposta ao longo do tempo para θ(t) e $\frac{d\theta}{dt}(t)$ para dois valores distintos de *h*, um pequeno e um grande, e discutir a diferença nas respostas.
- Analisar os resultados anteriores e discutir qual dos métodos seria o mais adequado para a modelagem numérica do problema, segundo as respostas para θ(t) e $\frac{d\theta}{dt}(t)$.

Uma observação interessante diz respeito a uma simplificação desse modelo que possibilita a construção de uma EDO linear. Isso consiste em admitir que o ângulo tem uma magnitude suficiente pequena. No caso geral, devemos considerar a altura real que afeta diretamente a energia potencial gravitacional. Assim, a EDO admite uma forma não linear como a seguinte:

$$\frac{d^2\theta}{dt^2} - \frac{g}{l}\operatorname{sen}(\theta) = 0$$

Esse tipo de problema será objeto de estudo nos capítulos posteriores deste livro; por enquanto, é suficiente considerarmos o caso simplificado e linear. Vamos resolver?

Primeiramente, é interessante separarmos a EDO num sistema:

$$\frac{d\dot\theta}{dt} = -\frac{g}{l}\theta$$

$$\frac{d\theta}{dt} = \dot\theta$$

Assim, fica mais direta a análise da estabilidade, pois basta observar que a condição de estabilidade para a primeira EDO rege a estabilidade da solução primária do problema e se resume a:

$$\left|1 - \frac{g}{l}h\right| < 1$$

Essa condição pode ser obtida por analogia à teoria apresentada neste capítulo ou ao desenvolvimento das soluções das EDOs de primeira ordem e consequente análise de propagação no tempo. Com isso, temos a seguinte condição para a estabilidade numérica do método de Euler explícito:

$$h < \frac{2l}{g}$$

Um algoritmo possível para a implementação do método de Euler explícito é apresentado a seguir, em Python.

Código em Python 1: método de Euler explícito

```python
import numpy as np
import matplotlib.pyplot as plt

g = 9.81                                    # gravidade
l = 0.4                                     # comprimento

f = lambda x : np.array([x[1], -(g/l)*x[0]])   # função independente

T = 2                                       # tempo total de análise
h = 0.0020                                  # passo
hcrit = 2*l/g                               # passo crítico
n = int(T/h)                                # número de passos

v = np.zeros((2, n+1))                      # armazenamento da resposta
v[:,0] = [-(g/l)*0,0.5]                     # condições iniciais

for i in range(1, n+1):                     # marcha no tempo
    v[:, i] = v[:, i-1] + h*f(v[:, i-1])    # procedimento de euler
```

Um gráfico para um tempo total de análise de 2 segundos e 2 passos de tempos distintos (0,002 e 0,020) é apresentado como exemplo. É interessante destacarmos o caráter de perda de acurácia à medida que avançamos no tempo. Uma janela adequada de tempo de análise esperada implica a possibilidade de observação do comportamento oscilatório do fenômeno.

Gráfico 3.1 – Análise de 2 segundos e 2 passos de tempos distintos (0,002 e 0,020) para o método de Euler explícito

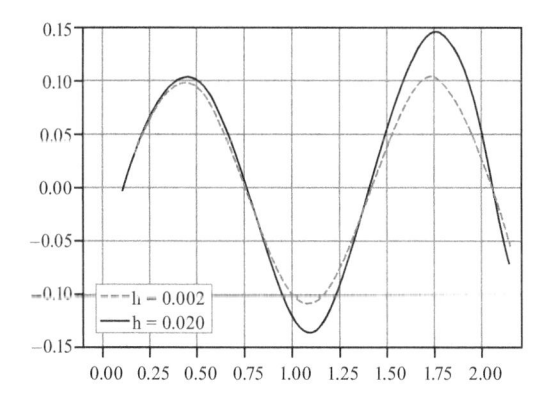

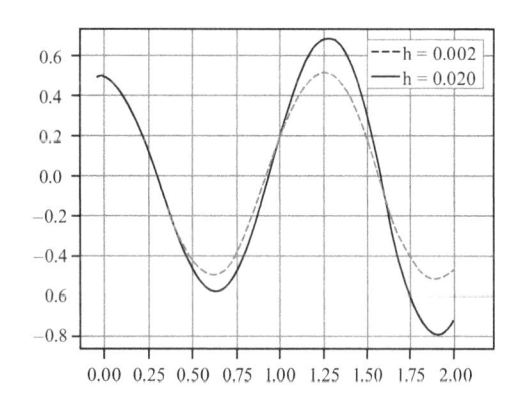

O método de Euler, por sua vez, exige um procedimento implícito, pois o termo independente passa a ser:

$$\overline{f} = \frac{f_{i+1}(t, v_0, v_1, v_2, ..., v_{n-1}) + f_i(t, v_0, v_1, v_2, ..., v_{n-1})}{2}$$

Um algoritmo possível para a implementação do método de Euler implícito é apresentado a seguir, em Python.

Código em Python 2: método de Euler implícito

```python
import numpy as np
import matplotlib.pyplot as plt

g = 9.81                                         # gravidade
l = 0.4                                          # comprimento

f = lambda x : np.array([x[1], -(g/l)*x[0]])     # função independente

T = 2                                            # tempo total de análise
h = 0.010                                        # passo
n = int(T/h)                                     # número de passos

A = np.array([[1, -h/2], [(h*g)/(l*2), 1]])      # matriz de acoplamento

v = np.zeros((2, n+1))                           # armazenamento da resposta
v[:,0] = [-(g/l)*0,0.5]                          # condições iniciais

for i in range(1, n+1):                          # marcha no tempo
    b = v[:, i-1] + 0.5*h*f(v[:, i-1])
    v[:,i] = np.linalg.solve(A, b)               $solução implícita
```

Um gráfico para um tempo total de análise de 2 segundos e 2 passos de tempos distintos (0,100 e 0,010) é apresentado como exemplo. Nesse caso, é escolhida uma malha mais grosseira, pois a acurácia do método é consideravelmente superior ao caso anterior. Essa escolha faz parte do processo de descoberta e exploração do conceito, pois guia o raciocínio para a discussão final.

É interessante destacarmos o caráter de defasagem da resposta à medida que se avança no tempo. Uma janela adequada de tempo de análise esperada implica a possibilidade de observação do comportamento oscilatório do fenômeno.

Gráfico 3.2 – Análise de 2 segundos e 2 passos de tempos distintos (0,100 e 0,010) para o método de Euler implícito.

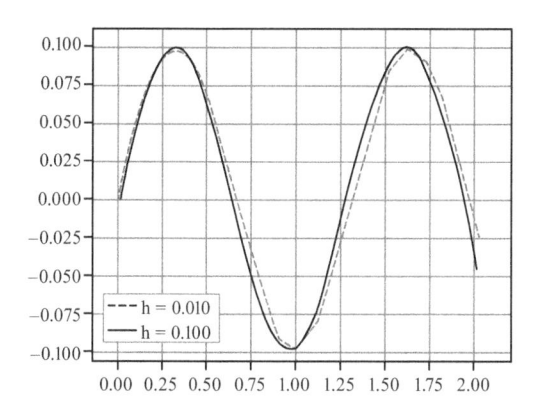

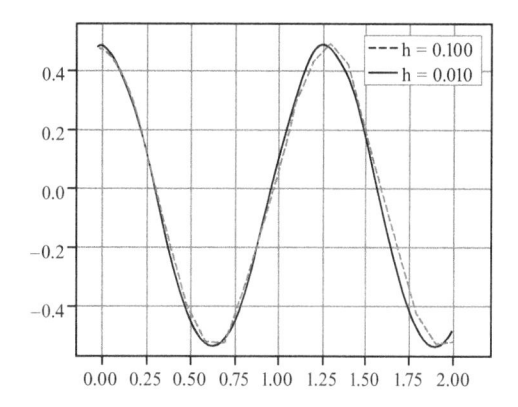

Para o método de Runge-Kutta de quarta ordem, devemos calcular as constantes k para o caso de múltiplas EDOs:

$$k_1 = f\left(t^i, u(t^i)\right) = f(t^i, v_0, v_1, v_2, \ldots, v_{n-1})$$

$$k_2 = f\left(t^i + \frac{h}{2}, v_0(t^i) + \frac{h}{2}k_1, v_1(t^i) + \frac{h}{2}k_1, v_2(t^i) + \frac{h}{2}k_1, \ldots, v_{n-1}(t^i) + \frac{h}{2}k_1\right)$$

$$k_3 = f\left(t^i + \frac{h}{2}, v_0(t^i) + \frac{h}{2}k_2, v_1(t^i) + \frac{h}{2}k_2, v_2(t^i) + \frac{h}{2}k_2, \ldots, v_{n-1}(t^i) + \frac{h}{2}k_2\right)$$

$$k_4 = f\left(t^{i+1}, v_0(t^i) + hk_3, v_1(t^i) + hk_3, v_2(t^i) + hk_3, \ldots, v_{n-1}(t^i) + hk_3\right)$$

Por fim, vamos calcular o procedimento iterativo:

$$v_j(t^{i+1}) = v_j(t^i) + \frac{h}{6}[k_1 + 2k_2 + 2k_3 + k_4]$$

Um algoritmo possível para a implementação do método de Runge-Kutta de quarta ordem é apresentado a seguir, em Python.

Código em Python 3: método de Runge-Kutta de quarta ordem

```python
import numpy as np
import matplotlib.pyplot as plt

g = 9.81                                        # gravidade
l = 0.4                                         # comprimento

f = lambda x : np.array([x[1], -(g/l)*x[0]])    # função independente

T=2                                             # tempo total de análise
h=0.010                                         # passo
n = int(T/h)                                    # número de passos

A = np.array([[1,   -h/2], [(h*g)/(l*2), 1]])   #matriz de acoplamento

v = np.zeros((2, n+1))                          # armazenamento da resposta
v[:,0] = [-(g/l)*0,0.5]                         # condições iniciais

for i in range(1, n+1):                         # marcha no tempo
    k1 = f(v[:, i-1])                           # primeira constante
    k2 = f(v[:, i-1] + 0.5*h*k1)                # segunda constante
    k3 = f(v[:, i-1] + 0.5*h*k2)                # terceira constante
    k4 = f(v[:, i-1] + h*k3)                    # quarta constante
    v[:,i] = v[:, i-1] + (h/6)*(k1+2*k2+2*k3+k4)  # procedimento de runge-kutta
```

Um gráfico para um tempo total de análise de 2 segundos e 2 passos de tempos distintos (0,100 e 0,010) é apresentado como exemplo. Nesse caso, é escolhida uma malha mais grosseira porque a acurácia do método é consideravelmente superior à dos casos anteriores. Essa escolha também é importante para guiar o raciocínio para a discussão final.

É interessante destacarmos o caráter de estabilidade à medida que avançamos no tempo. Uma janela adequada de tempo de análise esperada implica a possibilidade de observação do comportamento oscilatório do fenômeno.

Gráfico 3.3 – Análise de 2 segundos e 2 passos de tempos distintos (0,100 e 0,010) para o método de Runge-Kutta de quarta ordem

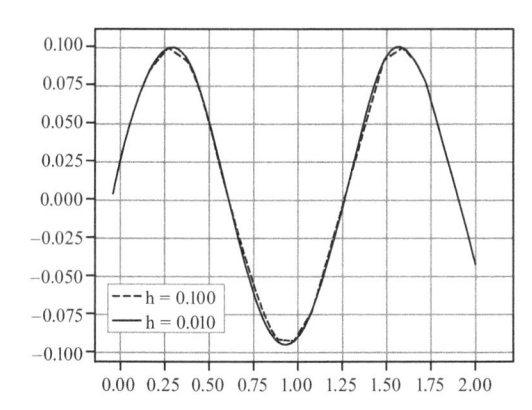

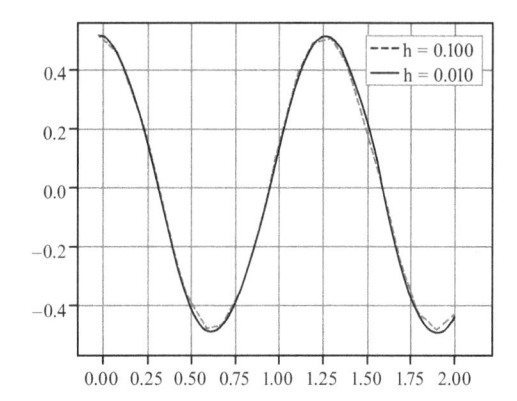

A discussão final pode ser considerada de forma bastante abrangente, visto que os aspectos de comparação ainda são incipientes na disciplina. No entanto, é esperado que o método de Runge-Kutta de quarta ordem seja escolhido para a modelagem, pois sua acurácia para malhas mais grosseiras é maior e sua estabilidade no tempo é mais robusta enquanto permanece como estratégia explícita.

Síntese

Neste terceiro capítulo, apresentamos alguns métodos para a solução numérica do que abordamos nas seções anteriores, com o enfoque na solução de sistemas de equações diferenciais ordinárias (EDOs) de primeira ordem.

Nesse contexto, tratamos de aspectos que envolvem a estabilidade de solução numérica no tempo, bem como das características inerentes de certas EDOs, como aquelas chamadas *rígidas*, que devem ser observadas para a sua correta modelagem numérica.

Por fim, vimos como a escolha do passo h pode interferir diretamente na estabilidade da solução, principalmente para equações diferenciais rígidas.

Os assuntos de que tratamos neste capítulo podem ser encontrados nos materiais de Franco (2006), Burden e Faires (2008), Butcher e Goodwin (2008) e Chapra (2012), indicados para um maior aprofundamento do conteúdo.

Atividades de autoavaliação

1) Analise o texto a seguir.

> Muitos problemas práticos em engenharia e em ciências exigem a solução de um sistema simultâneo de equações diferenciais ordinárias em vez de uma única equação [...] que podem ser representados de forma geral por
>
> $$\frac{dy_1}{dx} = f_1(x, y_1, ..., y_n)$$
> $$\frac{dy_2}{dx} = f_2(x, y_1, ..., y_n)$$
> $$... = ...$$
> $$\frac{dy_n}{dx} = f_n(x, y_1, ..., y_n)$$
>
> A solução de tal sistema exige que sejam conhecidas n condições iniciais no valor inicial de x. (Chapra; Canale, 2008, p. 613)

Agora, leia as afirmativas a seguir, assinale V para as verdadeiras e F para as falsas e, depois, marque a alternativa que apresenta a sequência correta:

( ) O método de Euler pode ser estendido para resolver o sistema enunciado no fragmento de texto.
( ) Qualquer um dos métodos de Runge-Kutta pode ser aplicado para sistemas de equações diferenciais como enunciado no fragmento de texto.
( ) É possível realizar a análise do erro comparando os métodos de Runge-Kutta e de Euler quando aplicados a sistemas de equações diferenciais, como enunciado no fragmento de texto.

a. F, V, F.
b. V, F, V.
c. V, V, V.
d. V, V, F.
e. V, F, F.

2) Leia o texto a seguir.

EDOs de segunda ordem, ou mesmo de ordem maior, podem ser transformadas em sistemas de EDOs de primeira ordem. Considere o sistema de equações diferenciais ordinárias de primeira ordem com condição inicial

$$\begin{cases} y'(t) = f(t, y) \\ y(t_0) = y_0 \end{cases}$$

onde desta vez y e f denotam vetores com n componentes:

$$y(t) = (y_1(t), ..., y_n(t))$$
$$f(t, y) = (f_1(t, y), ..., f_n(t, y))$$

(Biezuner, 2015, p. 23)

Agora, use o método de Euler para obter uma aproximação numérica para a solução do sistema de EDOs dado por:

$$\begin{cases} y' = z \\ z' = y + e^x \\ y(0) = 1 \\ z(0) = 0 \end{cases}$$

Com $x \in [0; 0,2]$ e $h = 0,1$. Depois, marque a alternativa correta:

a. Para i = 0, tem-se: $\begin{matrix} y_{i+1} \\ z_{i+1} \end{matrix} = \begin{bmatrix} y_2 \\ z_2 \end{bmatrix} = \begin{bmatrix} 1,02 \\ 0,4105 \end{bmatrix}$.

b. Para i = 1, tem-se: $\begin{matrix} y_{i+1} \\ z_{i+1} \end{matrix} = \begin{bmatrix} y_2 \\ z_2 \end{bmatrix} = \begin{bmatrix} 1 \\ 0 \end{bmatrix}$.

c. Para i = 1, tem-se: $\begin{matrix} y_{i+1} \\ z_{i+1} \end{matrix} = \begin{bmatrix} y_1 \\ z_1 \end{bmatrix} = \begin{bmatrix} 3,02 \\ 1,4105 \end{bmatrix}$.

d. Para i = 0, tem-se: $\begin{matrix} y_{i+1} \\ z_{i+1} \end{matrix} = \begin{bmatrix} y_3 \\ z_3 \end{bmatrix} = \begin{bmatrix} 0,02 \\ 1,4105 \end{bmatrix}$.

e. Para i = 1, tem-se: $\begin{matrix} y_{i+1} \\ z_{i+1} \end{matrix} = \begin{bmatrix} y_2 \\ z_2 \end{bmatrix} = \begin{bmatrix} 1,02 \\ 0,4105 \end{bmatrix}$.

3) Use o método de Euler e a substituição y' = z para resolver o seguinte PVI de segunda ordem:

$$y'' = 3xy^2 - y' - 3$$

Em que: y(0) = 1 e y'(0) = –2, h = 0,2 e x ∈ [0; 0,6]. Depois, assinale a alternativa correta:

a. Para i = 1, temos $y_1'' = z_1' = 3(1)(0)^2 - (-2) - 3 = -1$.
b. Para i = 2, temos $y_1 = y_0 + hy_0'$.
c. Para i = 3, temos $y^3 = 0,2$.
d. Para i = 1, temos $y''_1 = z''_1 = 3y_2 x_2^2 - 3$.
e. Para i = 4, temos $x_4 = x_2 + h = 0,2$.

4) Seja a EDO de segunda ordem dada por:

$$y'' = f(x, y, y') = 12x^2 + 3y^2 + y' - 17$$

Em que, para $x = x_1 = 1,5$, temos $y_1 = z_1 = 2$.

Após reduzirmos a equação a um sistema de duas EDOs de primeira ordem, obtemos:

$$\begin{cases} y' = z \\ z' = 12x^2 + 3y^2 + z - 17 \end{cases}$$

Adote o método de Euler para resolver o sistema obtido no intervalo de integração [1,5; 1,8] com passo constante h = 0,1. Depois, assinale a alternativa correta:

a. Para i = 1, temos $z_i' y_i'' = 10$.
b. Para i = 2, temos $z_i y_i' = 2,2$.
c. Para i = 3, temos $x_3 = 1,5$.
d. Para i = 3, temos $z_i' = y_i'' = 46,2528$.
e. Para i = 4, temos $y_4 = 1,8$.

5) Seja o problema de valor inicial dado por $u'' + 4tu' + 2u^2 = 0$. Resolva-o pelo método de Heun, com h = 0,1 para u(0,2) e u'(0,2). Depois, marque a alternativa correta:

a. u(0,2) ≈» 0,88059 e u'(0,2) ≈ –0,371765.
b. u(0,2) ≈ 0,88059 e u'(0,2) ≈ –0,301765.
c. u(0,2) ≈ 0,98059 e u'(0,2) ≈ –0,371765.
d. u(0,2) ≈ 1,98059 e u'(0,2) ≈ –0,471765.
e. u(0,2) ≈ 1,98059 e u'(0,2) ≈ –0,371765.

Atividades de aprendizagem

Questões para reflexão

1) Na prática, os modelos matemáticos são complexos e nem sempre de primeira ordem. Além disso, é comum que sejam compostos por um sistema de EDOs. Portanto, pensar em métodos numéricos que resolvam os sistemas de equações diferenciais pelos métodos de passo simples ou de passo múltiplo é uma opção que agiliza o procedimento. Reescrever um PVI de alta ordem em um sistema de EDOs, desde que se conheça a condição inicial para essas equações, faz com que o custo computacional seja minimizado? Pesquise e discuta os resultados encontrados.

2) Resolver um sistema de equações diferenciais por meio de métodos numéricos, como o de Euler, por exemplo, é recair nas mesmas condições necessárias para garantir a região de estabilidade. Assim, devemos lembrar que, no método de Euler, por exemplo, a região de estabilidade é dada por um conjunto de valores k, tal que $|1 + kh| < 1$, em que a integração deverá ser estável. Essa região é caracterizada por qual figura geométrica plana? É possível obter alguma de suas dimensões em relação a h?

Atividade aplicada: prática

1) Uma equação diferencial ordinária é dita *rígida* se apresenta modos com escalas de tempo separadas por diversas ordens de magnitude. A ideia em usar métodos implícitos nesses casos se dá pela necessidade de termos regiões de estabilidade maiores, o que nos permite trabalhar com maiores passos de integração numérica. Você já parou para analisar as regiões de estabilidade dos métodos de Runge-Kutta de primeira, segunda, terceira e quarta ordem? Vimos que a região de estabilidade de um método de quarta ordem é relativamente maior do que a de um método de primeira ordem, mas qual realmente é a diferença entre essas regiões?

Nas aplicações reais, é recorrente que um problema regido por uma equação diferencial não forneça o conhecimento de todas as condições iniciais na variável e nas suas derivadas até uma ordem abaixo da própria equação diferencial ordinária (EDO). Essa, na verdade, é uma exigência muito específica em diversos contextos físicos.

No geral, pelo contexto físico do problema, é razoável conhecermos os valores em certos graus diferenciais. Por exemplo, para um problema de propagação de calor numa barra, é razoável sabermos a temperatura em suas extremidades no instante inicial, o que corresponderia a uma condição inicial. No entanto, frequentemente não conhecemos a distribuição de temperatura, e essa é uma solução a ser obtida, por isso não temos conhecimento das taxas de variação instantâneas iniciais, tornando o PVI incompleto; acabamos, então, tendo mais informações sobre a própria função.

Por analogia, é como se um projétil fosse disparado num lançamento oblíquo, no qual sabemos de onde ele parte e aonde chega, e desejamos prever a trajetória, mas não sabemos a angulação do lançamento. Nesse caso, o conhecimento sobre o início e o fim da trajetória traz o contorno do problema. Assim, tratamos esse problema como um problema de valor de contorno, ou PVC.

Neste capítulo, veremos conceitos que visam formalizar o entendimento do PVC, o que permitirá seu estudo e sua aproximação numérica. Em seguida, apresentaremos abordagens para o tratamento e a solução numérica. Os métodos descritos podem ser encontrados, também, em Franco (2006), Burden e Faires (2008), Butcher e Goodwin (2008) e Chapra (2012).

A teoria que embasa formalmente o estudo de PVCs sob o enforque analítico foge do escopo deste material – é objeto de estudo na área de equações diferenciais sob a ótica da teoria da medida, da teoria de aproximação e da análise funcional, como indicado em Brezis (2010).

4
Teoria elementar do problema de valor de contorno (PVC)

4.1 Formalização matemática

Um PVC consiste numa associação de uma EDO de ordem *n* com um conjunto de restrições na forma de novas EDOs de ordem até n – 1 aplicadas pontualmente num conjunto chamado *contorno do problema*. Em geral, a região de contorno do PVC coincide com o contorno físico do problema, o que consagrou o nome, mas não é uma condição obrigatória para a formulação.

De fato, podemos resumir o PVC como um operador diferencial *L* que dá origem à EDO, aplicado à função *u* associado ao atendimento de um operador diferencial *G*, aplicado a *u* especificamente no contorno do problema. Ou seja, temos as seguintes situações:

$$L(u) = f(x) \qquad \text{(I)}$$

Em que $x \in \Omega$ (no domínio).

$$G(u) = g(x) \qquad \text{(II)}$$

Em que $x \in \Gamma$ (no contorno).

O operador G(u) pode conter derivadas de u até uma ordem inferior às derivadas presentes em L(u); é razoável separarmos o operador G(u) em dois operadores, conforme a ordem das derivadas que carregam. Para a primeira metade de ordem inferior das derivadas, incluindo a de ordem zero, temos $G_D(u)$, que são chamadas de *condições essenciais do problema* ou *condições de Dirichlet*. Para as derivadas de ordem superior, até n – 1, temos $G_N(u)$, que são chamadas de *condições naturais do problema* ou *condições de Neumann*.

Essa é uma separação que, muitas vezes, facilita a compreensão do PVC e o estudo da existência, da unicidade e da regularidade de soluções. No escopo deste material, é suficiente uma compreensão preliminar como a apresentada nessa definição, associada ao entendimento de que um PVC de ordem *n* exige pelo menos *n* condições de contorno para ser considerado um problema bem posto.

A seguir, veremos alguns métodos para resolução de PVCs.

4.2 Método do disparo

Consiste numa estratégia simples e bastante intuitiva. Buscaremos repensar o problema de valor de contorno com um PVI e, por meio de um procedimento corretor, ajustaremos as condições iniciais de um ou mais problemas acoplados no sistema, de forma a iterativamente atender às condições de contorno.

4.2.1 Procedimento de tentativa e erro

Consideremos um PVC de segunda ordem, sujeito às condições de contorno $u(0) = u_0$ e $u(l) = u_l$, do tipo:

$$\frac{d^2 u}{dx^2} = f(x, u) \tag{III}$$

$$\frac{dw}{dx} = f(x, u)$$

$$\frac{du}{dx} = w \tag{IV}$$

Nesse caso, conhecemos apenas $u(0)$ referente à segunda EDO, configurando-a como um PVI de condição inicial u_0.

Se conhecêssemos uma condição inicial, digamos w_0, para a primeira EDO, resolveríamos o problema de forma simples com as técnicas para integração de sistema de EDOs estudadas anteriormente. O método do disparo nos indica que devemos escolher arbitrariamente um valor para w_0, como palpite.

Por exemplo, vamos adotar $w_0 = w_0^1$ como primeira estimativa. Dessa forma, resolvemos o sistema de equações diferenciais de primeira ordem como um PVI em u_0 e w_0^1. Com esse cálculo, conseguimos determinar um valor ao final do intervalo, em $x = l$, $\bar{u}^1(l) = u_l^1$, que provavelmente difere de $u(l) = u_l$, levando-nos à conclusão de que o palpite w_0^1 foi errôneo.

Se $u_l^1 > u_l$, devemos reduzir w_0^1, escolhendo um segundo palpite, w_0^2, menor. Se $u_l^1 < u_l$, devemos aumentar w_0^1, escolhendo um segundo palpite, w_0^2, maior. Assim, iterativamente, o método prossegue até a escolha w_0^j resultar num erro $\left| u_l^j - u_l \right|$ satisfatório.

4.2.2 Sistematização do procedimento iterativo

Embora correto, o procedimento explanado pode demorar a convergir. Com isso, podemos adotar estratégias mais eficientes para atualizar a inclinação w_0^j. Uma estratégia possível é assumirmos uma interpolação linear entre dois palpites errôneos e a condição de contorno almejada para a construção de um palpite mais acurado (w_0^e), ou seja:

$$w_0^e = w_0^1 + \frac{w_0^2 - w_0^1}{u_l^2 - u_l^1}\left(u_l - u_l^1\right) \qquad \text{(V)}$$

Naturalmente, o procedimento pode ser estendido para um grau mais elevado do que segunda ordem, bastando-se repeti-lo para as diversas EDOs do sistema de equações diferenciais pertinente.

4.3 Método de diferenças finitas

Uma forma clássica de aproximarmos numericamente equações diferenciais é substituir os operadores diferenciais contínuos, derivadas, por aproximações discretas desses operadores.

Em geral, podemos enxergar esse procedimento como *tomar a derivada*, pela definição:

$$f'(x) = \lim_{h \to 0} \frac{f(x+h) - f(x)}{h} \qquad \text{(VI)}$$

A sua aproximação discreta consiste em assumir o limite válido para o caso em que *h* é finito. Ou seja, temos:

$$f'(x) \approx \frac{f(x+h) - f(x)}{h} \qquad \text{(VII)}$$

Essa expressão possibilita calcular f'(x) com base num valor a jusante na malha (x + h), de forma que escrevemos uma diferença progressiva.

Essa abordagem é semelhante a dizermos que estamos construindo uma fórmula de diferenças finitas para um ponto $x = x_0$ segundo seu polinômio de Taylor. A expansão em série de Taylor permite estimar o valor da função f em f_1, conhecendo o valor de f em f_0. Seja f uma função contínua no intervalo [a, b] de interesse e que tenha derivadas de até ordem *n* contínuas nesse intervalo. O teorema de Taylor permite escrever, para todo ponto $x \subset [a, b]$:

$$f(x) = f(x_0) + (x - x_0)f'(x_0) + \frac{(x - x_0)^2}{2!}f''(x_0) + \ldots + R_n \qquad \text{(VIII)}$$

Ou, ainda:

$$f(x) = f(x_0) + hf'(x_0) + \frac{h^2}{2!}f''(x_0) + \ldots + R_n \quad \textbf{(IX)}$$

Em que $\Delta x = h = x - x_0$ e R_n é o resto, definido como:

$$R_n = \frac{h^n}{n!}f^n(x_0), x_0 \in [a, b]$$

Agora, vamos considerar uma malha unidimensional conforme a figura a seguir.

Figura 4.1 – Malha de pontos uniformemente espaçados

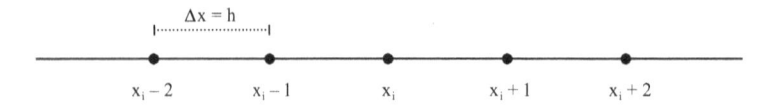

Queremos determinar a primeira derivada de uma função f no ponto $x_i = ih$, a qual será denotada por $f'(x_i)$. Se expandirmos $f(x_i + h)$ em série de Taylor em torno do ponto x_i, teremos:

$$f(x_i + h) = f(x_i) + hf'(x_i) + h^2 \frac{f''(\varepsilon)}{2}, h > 0, \varepsilon \in (x_i, x_i + h) \quad \textbf{(X)}$$

Isolando $f'(x)$, obtemos:

$$f'(x_i) = \frac{f(x_i + h) - f(x_i)}{h} \underbrace{-h(f''(\varepsilon))/2}_{\text{Erro de truncamento}} \quad \textbf{(XI)}$$

Podemos perceber facilmente a semelhança entre VII e XI.

Outra possibilidade é usarmos o ponto a montante ($x_i - h$), resultando numa diferença regressiva:

$$f'(x_i) \approx \frac{f(x_i) - f(x_i - h)}{h} \quad \textbf{(XII)}$$

É possível combinarmos os procedimentos a jusante e a montante, e esse procedimento nos fornece uma expressão conhecida como *diferença finita central de ordem 2*. Para isso, fazemos:

$$f(x_i + h) = f(x_i) + hf'(x_i) + h^2 \frac{f''(x_i)}{2!} + h^3 \frac{f'''(\varepsilon_+)}{3!} \quad \textbf{(XIII)}$$

$$f(x_i - h) = f(x_i) - hf'(x_i) + h^2 \frac{f''(x_i)}{2!} - h^3 \frac{f'''(\varepsilon_-)}{3!} \quad \textbf{(XIV)}$$

Se fizermos XIII menos XIV, obteremos:

$$f(x_i + h) - f(x_i - h) = 2hf'(x_i) + h^3 \left(\frac{f'''(\varepsilon_+) - f'''(\varepsilon_-)}{3!} \right) \quad \textbf{(XV)}$$

Por fim, dividindo XVI, a seguir, por 2h e isolando f'(x), temos:

$$f'(x_i) \approx \frac{f(x_i + h) - f(x_i - h)}{2h} \quad \textbf{(XVI)}$$

Ou, ainda:

$$f'_i \approx \frac{f_{i+1} - f_{i-1}}{2h} \quad \textbf{(XVII)}$$

A expressão anterior apresenta um erro menor devido ao cancelamento dos termos de ordem ímpar da expansão de Taylor. Vejamos:

$$h^2 \left(\frac{f'''(\varepsilon_+) - f'''(\varepsilon_-)}{2 \cdot 3!} \right) \quad \textbf{(XVIII)}$$

Note que a aproximação dada pela expressão XVII utiliza os pontos x_{i-1} e x_{i+1} para o cálculo da primeira derivada de f no ponto central, intermediário, x_i.

Gráfico 4.1 – Pontos utilizados para o cálculo da primeira derivada de f por diferenças finitas

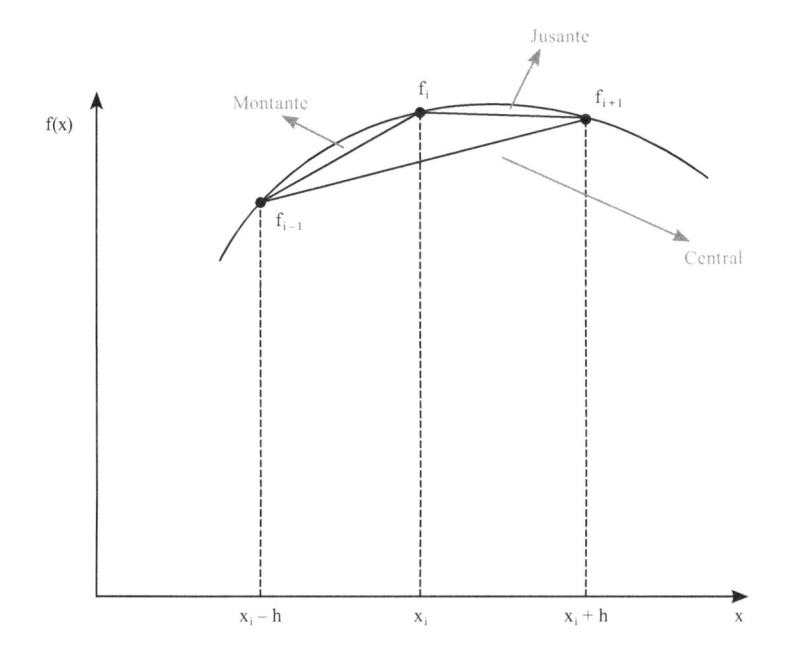

Assim, as diversas expressões de aproximação em diferenças finitas para as derivadas sucessivas podem ser obtidas de combinações de expansões em séries de Taylor em torno de pontos da malha.

Essa abordagem permite mensurar o erro cometido ao truncarmos a série e realizarmos a aproximação. Nas situações anteriores, as duas primeiras aproximações apresentam erro na ordem de h^i, ou O(h), e, na última expressão, ocorre erro na ordem de h^2, ou O(h^2), portanto, esta é mais acurada.

Agora, vamos considerar a variável temporal.

Figura 4.2 – Região discretizada: malha computacional bidimensional

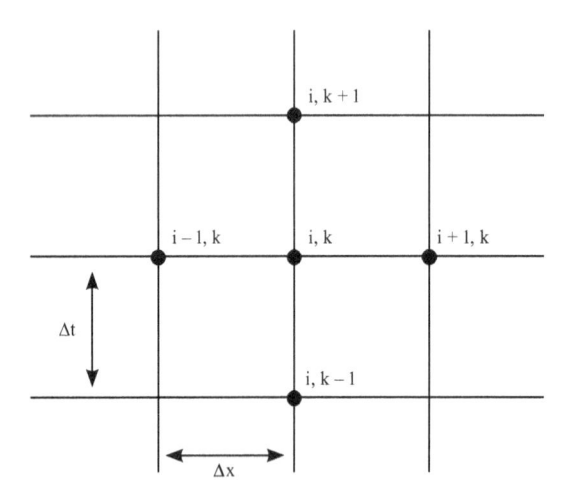

Sejam os pontos da malha, localizados na intersecção das linhas horizontais com as verticais, separados entre si por uma distância Δx e Δt respectivamente, não necessariamente iguais. O índice *i* será novamente designado para representar a posição ao longo do eixo *x* e, agora, teremos o índice *k* para representar a linha de tempo, conforme exposto na figura anterior. Assim, um dado ponto (i, k) tem coordenadas $(x_0 + i\Delta x; t_0 + k\Delta t)$, em que o ponto $(x_0; t_0)$ representa a origem do sistema de coordenadas, adotado como (0; 0).

Podemos usar a mesma estratégia para as derivadas temporais. Dessa forma, escrevemos:

$$f'(t^k) = \frac{f((t^{k+1}) - f(t^k))}{\Delta t} + \Delta t^2 \frac{f''(\epsilon)}{2}, \Delta t > 0, \epsilon \in (t^k, t^k + \Delta t) \qquad \textbf{(XIX)}$$

Ou, ainda:

$$\frac{\partial f}{\partial t}\Big|^k = \frac{f^{k+1} - f^k}{\Delta t} + O\left(\Delta t, \frac{\partial^2 f}{\partial t^2}\right) \qquad \textbf{(XX)}$$

Em que os índices k e k + 1 designam dois níveis temporais, o nível k representa o presente e o nível (k + 1) representa o futuro, com f^k conhecida.

Dependendo do tipo de diferença finita – regressiva, centrada ou progressiva – a ser usado na solução de determinado problema, dois diferentes esquemas podem ser elaborados (Castanharo, 2003). Se a aproximação por diferença finita da derivada espacial for expressa em valores das variáveis no nível de tempo conhecido, as equações resultantes podem ser resolvidas diretamente, para cada nó computacional em cada tempo. Esse tipo de esquema é chamado de *esquema explícito*. Se, por outro lado, a aproximação por diferença finita da derivada espacial for expressa em valores das variáveis na linha de tempo desconhecida, as equações algébricas do sistema inteiro são resolvidas simultaneamente e o esquema é dito *esquema implícito*.

4.3.1 Aproximação de domínio

As expressões de diferenças finitas se distinguem não só pela ordem de erro, mas também pela quantidade de pontos necessária para o cálculo. Essa quantidade de pontos associados passa a ser restritiva à medida que há necessidade de escrever o equacionamento perto do contorno do problema. Dessa forma, domínio e contorno são tratados separadamente para a formulação e depois são acoplados no mesmo sistema numérico.

Para pontos interiores ao domínio, aplicamos a expressão de diferenças finitas condizente com a EDO e com a ordem de aproximação escolhida. Com isso, se fizermos a aplicação para todos os pontos do domínio, escreveremos um sistema linear de equações algébricas no qual as incógnitas são os valores da resposta desejada nos nós do domínio. Por enquanto, o sistema não admite solução única, pois falta impor as condições de contorno, que são tratadas separadamente.

4.3.2 Tratamento do contorno

As expressões de diferenças finitas precisam ser escritas com cuidado no contorno para que envolvam apenas valores possíveis, que estejam no contorno ou no domínio do problema. Assim, é comum a escolha por opções a jusante ou a montante nesses casos, apesar da ordem de aproximação inferior ao domínio.

Ao escrevermos separadamente as expressões de contorno, fica mais fácil impormos as condições de contorno na EDO em que são conhecidos os valores para o PVC. Por fim, agregamos essas novas equações ao sistema de domínio, ampliando o sistema de equações algébricas, que agora passa a admitir solução.

4.3.3 Solução pelo método de diferenças finitas

Por fim, após montarmos o sistema de equações algébricas que agrega a aplicação das expressões em diferenças finitas em cada nó da malha, devemos resolver esse sistema de equações.

A solução apresenta o valor da variável de interesse em cada nó da malha. Caso seja necessário obter o valor das respectivas derivadas ponto a ponto, é possível aplicarmos o mesmo procedimento de diferenças finitas para calcular as derivadas aproximadas com base nos valores vizinhos da malha. Segundo Justo et al. (2020, p. 328-329): "A resolução de um tal problema pelo método de diferenças finitas consiste em quatro etapas fundamentais: 1. construção da malha, 2. construção do problema discreto, 3. resolução do problema discreto e 4. visualização e interpretação dos resultados".

4.4 Método dos resíduos ponderados

A aproximação numérica $\bar{u}$ de uma solução u real para um determinado PVC apresenta certo erro intrínseco ao fato de que não estamos atendendo perfeitamente ao operador de domínio e/ou ao operador de contorno que regem o PVC. Podemos compreender esse erro como o resíduo deixado em:

$$L(u) = f(x) \rightarrow L(u) - f(x) = 0$$
$$G(u) = g(x) \rightarrow G(u) - g(x) = 0 \quad \textbf{(XXI)}$$

Ao aproximarmos u por $\bar{u}$, temos como resultado:

$$L(\bar{u}) - f(x) = R_\Omega$$
$$G(\bar{u}) - g(x) = R_\Gamma \quad \textbf{(XXII)}$$

Naturalmente, os resíduos R_Ω e R_Γ tendem a diminuir à medida que a aproximação numérica converge.

4.4.1 Ponderação dos resíduos

Com o intuito de avaliar a natureza dos resíduos, que inicialmente são desconhecidos, podemos ponderá-los com funções conhecidas $\Phi_\Omega(x)$ e $\Phi_\Gamma(x)$. Essa ponderação permite medir a projeção dos resíduos em relação às funções de ponderação, o que nos dá uma noção indireta do tamanho dos resíduos.

Assim, podemos minimizar os resíduos com a anulação das suas projeções em relação às funções de ponderação escolhidas. Esse problema resulta na seguinte formulação:

$$\int_\Omega \Phi_\Omega(x) R_\Omega d\Omega + \int_\Gamma \Phi_\Gamma(x) R_\Gamma d\Gamma = 0 \quad \textbf{(XXIII)}$$

4.4.2 Aproximação da solução

Da mesma forma que escolhemos funções de ponderação para acessar indiretamente a natureza do resíduo, podemos selecionar funções que representam aproximadamente uma possível solução para o PVC. Por exemplo, podemos escrever $\bar{u}(x) = \phi(x)$ e representar essa aproximação na expressão de resíduos ponderados da seguinte forma:

$$\int_\Omega \Phi_\Omega(x) R_\Omega d\Omega + \int_\Gamma \Phi_\Gamma(x) R_\Gamma d\Gamma = 0$$
$$\int_\Omega \Phi_\Omega(x)(L(\phi_\Omega(x)) - f(x))d\Omega + \int_\Gamma \Phi_\Gamma(x)(G(\phi_\Gamma(x)))d\Gamma = 0 \qquad \text{(XXIV)}$$

Essa estratégia permite que apliquemos integrações por partes nas integrais de forma a transferir parte das derivadas presentes em L e G para as funções de ponderação, reduzindo as exigências de regularidade sobre as funções ϕ e facilitando a aproximação do problema.

Nesse procedimento de integração por partes, surgem termos que envolvem o conhecimento sobre as condições de Dirichlet à medida que transferimos metade das derivadas. Esse procedimento de transferência do operador diferencial para as funções de ponderação, junto com a escolha apropriada de funções de ponderação de aproximação de u, dão origem a uma família de métodos baseados em resíduos ponderados, como método da colocação, método dos subdomínios, método dos mínimos quadrados, método de Galerkin e método de Rayleigh-Ritz. Veremos este último no próximo tópico.

4.5 Método de Rayleigh-Ritz

Os métodos de tiro e de diferenças finitas abordam o problema diretamente na ordem do operador diferencial, exigindo que as respostas aproximadas atendam às mesmas características de regularidade que a solução real do problema. Já o método de Rayleigh-Ritz reduz essa exigência, facilitando a modelagem numérica.

Em outras palavras, os métodos de tiro e de diferenças finitas resolvem a chamada *forma forte* do problema, em que o operador a ser atendido tem ordem n = 2m, por exemplo; o método de Rayleigh-Ritz, pela técnica de resíduos ponderados, resolve a forma fraca, na qual o operador resultante tem ordem m, exigindo menos da regularidade da solução.

4.5.1 Escolha das funções de ponderação e de teste

Primeiramente, é importante notarmos que o método de resíduos ponderados dá liberdade para a escolha de Φ e de ϕ e que isso tem impacto direto na análise. Por exemplo, podemos escolher Φ e ϕ para atender às condições de contorno do problema, zerando a integral de contorno $\int_\Gamma \Phi_\Gamma(x)\big(G(\phi_\Gamma(x)) - g(x)\big)d\Gamma$, restando apenas a integral de domínio.

Adicionalmente, podemos escolher as funções da mesma forma tanto para ponderação como para aproximação. Ou seja, Φ para ambas, de forma que as duas pertençam ao mesmo espaço de funções.

Se utilizarmos funções em espaços apropriados, poderemos escrever Φ como uma combinação linear e como elementos de uma base para esse espaço. Por exemplo, se adotarmos um formato polinomial de segundo grau para Φ(x), poderemos escrever qualquer Φ(x) como uma combinação linear da base canônica: $\Phi(x) = \alpha_0 x^0 + \alpha_1 x^1 + \alpha_2 x^2$.

4.5.2 Aproximação da solução

Se adotarmos funções Φ(x) da forma como descrevemos, poderemos escrever a expressão de resíduos ponderados no domínio como:

$$\int_\Omega \Phi(x)\bigl(L(\Phi(x)) - f(x)\bigr)d\Omega = 0 \qquad \text{(XXV)}$$

Reorganizando, temos:

$$\int_\Omega \Phi(x) L(\Phi(x)) d\Omega = \int_\Omega \Phi(x) f(x) d\Omega \qquad \text{(XXVI)}$$

Se escrevermos Φ(x) com uma combinação linear de funções de base, teremos:

$$\Phi(x) = \sum_{i=0}^{n-1} \alpha_i \Phi_i \qquad \text{(XXVII)}$$

Integrando por partes sucessivamente, temos uma nova equação com um operador diferencial de forma fraca D_m e com condições de contorno atendidas pela função Φ(x):

$$\sum_{j=0}^{n-1}\sum_{i=0}^{n-1} \int_\Omega \alpha_j D_m(\Phi_i) D_m(\Phi_i) d\Omega = \sum_{i=0}^{n-1} \int_\Omega \Phi_i(x) f(x) d\Omega \qquad \text{(XVIII)}$$

Esse equacionamento dá origem a um sistema de ordem *n* de equações algébricas cujas incógnitas são os coeficientes da combinação linear que escreve Φ(x). Resolver esse sistema implica encontrar a melhor solução aproximada possível para o PVC no espaço de funções escolhido para escrever Φ(x).

4.5.3 Escolhas das funções e aproximações locais

Uma possibilidade para reduzir o número de integrações a serem realizadas no procedimento é escolher uma base de funções com existência local, num intervalo, e limitar o número de intersecções nas quais as funções da base são não nulas.

Por exemplo, podemos escrever uma função de base que seja não nula apenas no intervalo de x − h a x + h, crescendo linearmente a partir do zero da primeira metade do intervalo até um valor unitário em *x* e depois decrescendo para zero em x + h. Fora do intervalo [x − h, x + h], a função é nula. Esse tipo de função é linear por partes e tem formato de chapéu centrado em *x*.

Ao escrevermos Φ(x) como uma combinação linear dessas funções que cubra todo o domínio, observamos que a integral de domínio é nula para todo caso de funções Φ_i e Φ_j que não tenham sobreposição. Isso permite evitarmos o cálculo de todas as combinações disjuntas de Φ_i e Φ_j e garante uma aproximação de ordem linear por partes em cada um dos intervalos [x − h, x + h].

Aplicação do conhecimento

Vamos considerar o problema físico de uma barra metálica aquecida por uma fonte de calor uniforme.

Nesse caso, o problema pode ser modelado pela equação de Poisson, como:

$$\frac{d^2 T}{dx^2} = -f(x) \qquad \textbf{(XXIX)}$$

Dada uma fonte de calor f(x) = 20 e as condições de contorno T(0) = 50 e T(10) = 180, vamos resolver o PVC por uma das seguintes formas:

- Utilizaremos o método do disparo com base em Runge-Kutta de quarta ordem para resolver o PVI, com h = 1,0.
- Adotaremos o método de diferenças finitas com uma aproximação de segunda ordem e h = 1,0.
- Usaremos o método de Rayleigh-Ritz para funções do tipo chapéu, com h = 1,0.

Após a resolução, vamos comparar os resultados obtidos para a distribuição de temperaturas e discutir qual dos métodos seria o mais adequado para modelar esse tipo de problema de valor de contorno.

Primeiramente, sabemos que a EDO deve ser resolvida por três métodos diferentes com a mesma discretização. Assim, é natural começar deixando evidente a discretização para h = 1,0.

Figura 4.3 – Discretização da malha para h = 1,0

Portanto, podemos começar pela aplicação do método do disparo. Para isso, é necessário separarmos a EDO de segunda ordem em duas EDOs de primeira ordem:

$$\begin{cases} \dfrac{dw}{dx} = -20 \\ \dfrac{dT}{dx} = w \end{cases}$$

Se realizarmos a aproximação do PVI resultante por Runge-Kutta de quarta ordem, uma implementação possível será a seguinte:

Código em Python 1

```python
from numpy import array
import numpy as np
import matplotlib.pyplot as plt

flag = True
tol = 1e-1

w0 = [100, 120, 110, 115, 113]
target = 180

ys = []

for w in w0:
    h = 1
    x = [0.0]
    y = [array ([50, w])]
    n = int(10/h)

    def ff(x,y):
        return array([y[1], -20])

def rk4(x,y,h,ff):
    k1 = h*ff(x,y)
    k2 = h*ff(x+h/2, y+k1/2)
    k3 = h*ff(x+h/2, y+k2/2)
    k4 = h*ff(x+h, y+k3)
    yn = y + k1/6.0 + k2/3.0 + k3/3.0 + k4/6.0
    return yn
```

```
for i in range(0,n): # loop da solução numérica
    xn = (1+i)*h
    yn = rk4 (x[i],y[i], h, ff)
    x.append(xn)
    y.append(yn)

ys.append(y[0,-1])
plt.plot(x, y[0, :], label = 'w0 = ' + str(w))
if abs(target - y[0, -1]) < tol:
    print(w)
```

Essa implementação resulta nas seguintes aproximações para w_0:

Gráfico 4.2 – Aproximações para w_0

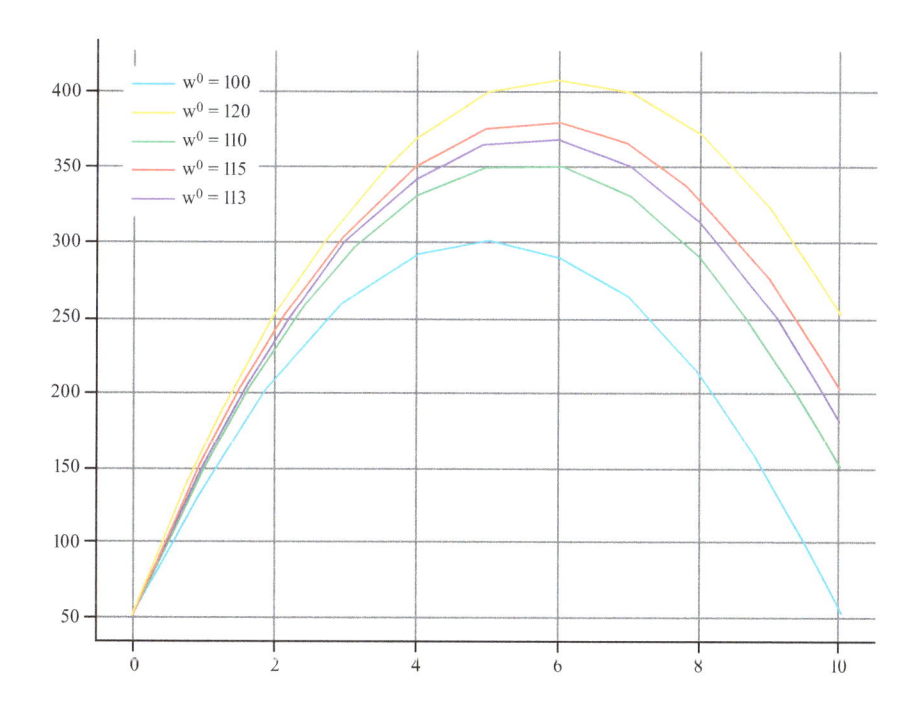

Com isso, adotamos $w_0 = 113$ como condição inicial do PVI associado à solução resultante do PVC.

Para o método de diferenças finitas, é necessário apresentar o esquema de discretização apropriado para a derivada de segunda ordem:

$$\frac{d^2T}{dx^2} \approx \frac{T(x+h) - 2T(x) + T(x-h)}{\Delta x^2}$$

Assim, para os nós internos, temos:

$$\frac{T(x+h) - 2T(x) + T(x-h)}{\Delta x^2} = -20$$

E como h = 1,0, podemos escrever para o i-ésimo nó:

$$T_{i+1} - 2T_i + T_{i-1} = -20$$

Para os nós das extremidades, i = 0 e i = 10, representamos as condições de contorno simplesmente associando seus valores:

$$T_0 = 50$$
$$T_{10} = 180$$

O vetor de termos independentes para esse problema é relativamente simples porque é igual ao termo fonte constante para os nós interiores e fixado, assim como os valores de contorno nas extremidades. Dessa forma, uma implementação possível é:

Código em Python 2

```python
import numpy as np
import matplotlib.pyplot as plt


X = np.linspace(0, 10, 11)


A = np.zeros((11, 11))
A[0,0] = A[-1, -1] =1


f = np.ones(11)*-20
f[0] = 50
f[-1] = 180


for i in range(1, 10):
    A[i, i-1:i+2] += np.array([1,-2,1])
T = np.linalg.solve(A, f)
```

Essa implementação já resolve o sistema de equações resultante, chegando ao resultado numérico para *T*, apresentado a seguir.

Gráfico 4.3 – Resultado numérico para T

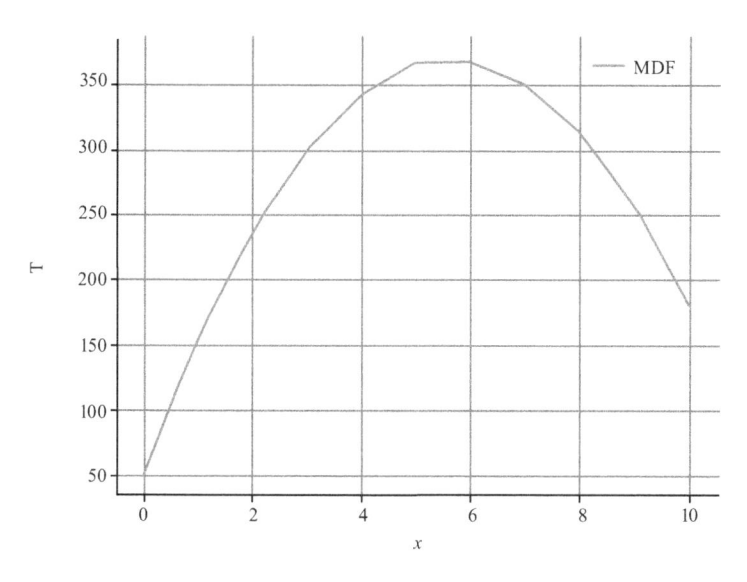

Para o terceiro procedimento, devemos aplicar o método de Rayleigh-Ritz com funções lineares por partes. Assim, é interessante primeiramente apresentarmos a forma fraca do problema, embasando a solução numérica.

Seja a EDO:

$$\frac{d^2T}{dx^2} = -20$$

Essa equação pode ser ponderada por uma função v ao longo domínio, e a função de interesse T será aproximada por uma função u. Assim, temos:

$$\int_0^{10} \frac{d^2u}{dx^2} v\, dx = -\int_0^{10} 20\, v\, dx$$

O lado esquerdo da igualdade pode ser expandido por meio da integração por partes, resultando em:

$$\left[\frac{du}{dx}v\right]_0^{10} - \int_0^{10} \frac{du}{dx}\frac{dv}{dx}dx = -\int_0^{20} 20\, v\, dx$$

E, portanto, obtemos:

$$\int_0^{10} \frac{du}{dx}\frac{dv}{dx}dx = \left[\frac{du}{dx}v\right]_0^{10} + \int_0^{20} 20v\, dx$$

Naturalmente, ao adotarmos funções *uu* e *vv* que atendam às condições de suportes locais, podemos realizar essas integrações no domínio de um elemento, ou seja, de x_i a x_{i+1}. Assim, a integração à esquerda pode ser feita no domínio de integração local com funções locais lineares:

$$\int_{x_i}^{x_{i+1}} \frac{d\Phi_k}{dx} \frac{d\Phi_l}{dx} dx$$

Em que $k = (1,2)$, $l = (1,2)$ e $\Phi = \left\{ 1 - \frac{x - x_i}{x_{i+1} - x_i}, \frac{x - x_i}{x_{i+1} - x_i} \right\}$, equivalentes às funções do tipo chapéu no domínio do elemento. Logo, para cada intervalo de x_i a x_{i+1}, temos uma matriz 2x2 associada a essas integrações.

Uma implementação possível para o problema, considerando uma integração numérica em cada subintervalo, é apresentada a seguir. Veremos também os resultados para T(x), conforme calculado.

Código em Python 3

```python
import numpy as np
import matplotlib.pyplot as plt
from scipy.integrate import quad

x = np.linspace(0,10,11)

N = np.array([lambda x, a, b : 1-(x-a)/(b-a), lambda x, a, b : (x-a)/(b-a)])

dN = np.array([lambda x, a, b : -1/(b-a), lambda x, a, b : +1/(b-a)])

K = np.zeros((11,11))
f = np.zeros(11)

for i in range(10):
    a, b = x[i], x[i+1]
    for k in range(2):
        F=lambda x : N[k](x, a, b)*20
        f[i+k] += quad(F, a, b)[0]
        for l in range(2):
            F = lambda x : dN[k](x, a, b)*dN[l](x, a, b)
            K[i+k,i+l] += quad(F, a, b)[0]

#Termos com T prescrito
Kpp=np.delete(np.delete(K, range(1,10), axis = 0), range(1,10), axis = 1)
```

```python
fpp=np.delete(f, range(1,10), axis = 0)
Tpp=np.array([50,180])

#Termos mistos
Kup=np.delete(np.delete(K, range(1,10), axis  = 1), [0,10], axis = 0)
Kpu=np.delete(np.delete(K, range(1,10), axis  = 0), [0,10], axis = 1)

#Termos com T desconhecido
Kuu=np.delete(np.delete(K, [0,10], axis = 0), [0,10], axis = 1)
fuu=np.delete(f, [0,10], axis = 0)

#Solução não prescrita:
Tuu=np.linalg.solve(Kuu, fuu - Kup.dot(Tpp))

#solução prescrita:
fuu=Kpu.dot(Tuu)+ Kpp.dot(Tpp)

#Solução do problema
T=np.concatenate((np.array([Tpp[0]]), Tuu[ : ], np.array([Tpp[1]])))
f[[0, -1]] = fuu[ : ]

plt.plot(x, T, label = 'Rayleigh Ritz')
plt.xlabel('x')
plt.ylabel('T')
plt.grid(True)
plt.legend(True)
```

Gráfico 4.4 – Resultado para T(x) por Rayleigh-Ritz

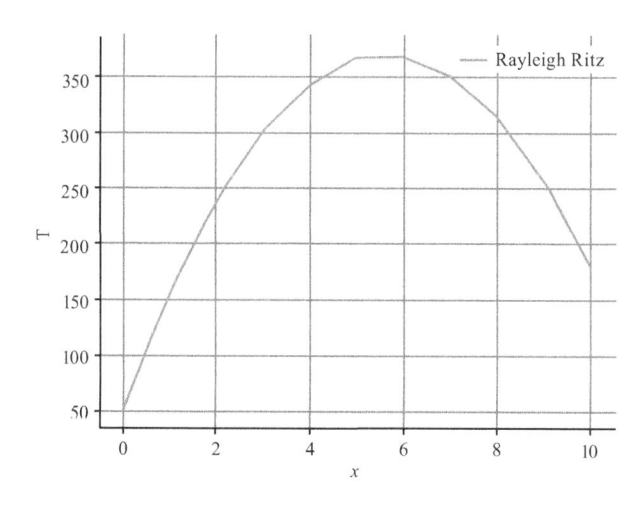

Síntese

Neste quarto capítulo, abordamos tópicos sobre o problema de valor de contorno, o PVC, o que permite seu estudo e sua aproximação numérica. Apresentamos três métodos com abordagens distintas para solução numérica de um PVC.

Primeiramente, vimos o método do disparo, que estabelece um procedimento para resolver o PVC pelo acoplamento de um PVI e por um esquema iterativo para atender às condições de contorno. Depois, tratamos do método de diferenças finitas como uma alternativa simples e intuitiva para a discretização do operador diferencial. Por fim, apresentamos o método de Rayleigh-Ritz com um breve embasamento sobre a estratégia variacional de resíduos ponderados.

Atividades de autoavaliação

1) Leia o trecho a seguir.

Consideremos agora um problema de valor de contorno de segunda ordem linear

$$y'' + P(x)y' + Q(x)y = f(x), y(a) = \alpha, |y(b) = \beta.$$

Seja $a = x_0 < x_1 < x_2 < \ldots < x_{(n-1)} < x_n = b$ uma partição regular do intervalo $[a, b]$; isto é, $x_i = a_{ih}$, com $i = 0, 1, 2, \ldots, n$ e $h = \dfrac{b-a}{n}$. Os pontos

$$x_1 = a + h, x_2 = a + 2h, \ldots, x_{n-1} = a + (n-1)h$$

Constituem os **pontos interiores da malha** do intervalo $[a, b]$.

(Zill; Cullen, 2001, p. 137, grifo do original)

A equação conhecida como *equação de diferenças finitas* que representa esse PVC é dada por:

$$\frac{y_{i+1} - 2y_i + y_{i-1}}{h^2} + P_i \frac{y_{i+1} - y_{i-1}}{2h} + Q_i y_i = f_i$$

Agora, seja o PVC dado por:

$$\begin{cases} y'' - 2y = 0 \\ y(0) = y_0 = 0 \\ y(1) = y_2 = 5 \end{cases}$$

Com base nas informações dadas, assinale a alternativa que representa o PVC anterior para n = 2 e a solução encontrada pelo método das diferenças finitas.

a. Para o PVC dado, temos P(x) = –2 e Q(x) = 0.
b. Para n = 2, encontramos $y_1 = 2$.
c. Para n = 2, temos 3 pontos interiores, ou seja, 3 pontos entre y_0 e y_2.
d. Se tomarmos um valor para *h* igual a 0,25 vamos piorar a solução do sistema montado pelo método das diferenças finitas.
e. Para n = 2, encontramos $y_1 = 0,7256$.

2) Seja uma equação diferencial y" + 2y' + y = 0. Desejamos utilizar o método do disparo para calcular a solução para esse EDO, com os dados: y(0) = 1, y(1) = 3, h = 0,1 e 0 ≤ x ≤ 1. Para esse problema, temos as seguintes afirmações:

I. Para resolver esse PVC pelo método do disparo, primeiramente transformamos a equação diferencial num sistema de equações diferenciais da forma:
$$\begin{cases} y' = u \\ u' = -2u - y \end{cases}.$$

II. Precisamos adotar um valor inicial para o disparo, logo, podemos usar $u(0) = d_1 = 5$. Utilizando o método de Euler, obtemos um valor de y(1) = 2,6732 para um disparo $d_1 = 5$:

x = 0,1
$y(1) = y(0) + hu(0) = 1 + 0,1 \cdot 5 = 1,5$
$u(1) = u(0) + h \cdot (-2\overline{u}(0) - y(0)) = 5 + 0,1 \cdot (-2 \cdot 5 - 1) = 3,9$
⋮
x = 1
y(1) = 2,6732

III. Após o primeiro disparo $d_1 = 5$, podemos usar um disparo $d_2 = 10$ e, nesse caso, obteremos y(1) = 4,6103.

IV. Para calcular d_3, fazemos
$$d_3 = \frac{3 - 4,6103}{2,6732 - 4,6103} \cdot 5 + \frac{3 - 2,6732}{4,6103 - 2,6732} \cdot 10 = 5,8435.$$ Considerando uma última iteração com u(0) = 5,8435, obtemos y(1) = 2,9999 ≈ 3.

Agora, assinale a alternativa que apresenta a resposta correta:

a. Apenas a afirmação I está correta.
b. Apenas as afirmações I e III estão corretas.
c. Apenas as afirmações II e IV estão corretas.
d. Apenas as afirmações I, II e III estão corretas.
e. Todas as afirmações estão corretas.

3) Seja uma equação diferencial y" + 2y' + y = 0. Desejamos utilizar o método das diferenças finitas para calcular a solução para esse EDO, com os dados: y(0) = 1, y(1) = 3, h = 0,1 e 0 ≤ x ≤ 1. Para esse problema, temos as seguintes afirmações:

I. A equação de diferenças finitas que representa o PVC discretizado pode ser escrita como:
$$y"(x_i) + 2y'(x_i) + y = 0$$
$$\frac{y(x_{i+1}) - 2y(x_i) + y(x_{i-1})}{h^2} + 2\frac{y(x_{i+1}) - y(x_{i-1})}{2h} + y(x_i) = 0$$
$$110y(x_{i+1}) - 199y(x_i) + 90y(x_{i-1}) = 0$$

II. Precisamos calcular $110y(x_{i+1}) - 199y(x_i) + 90y(x_{i-1}) = 0$ para i = 1, 2 e 3. Com isso, obtemos um sistema de equações com 9 equações e 11 incógnitas.

III. Assumindo que temos os valores no contorno, o sistema se reduz a 9 equações e 9 incógnitas, que podem ser resolvidas de forma a obtermos:
$$[y_1\ y_2\ y_3\ y_4\ y_5\ y_6\ y_7\ y_8\ y_9]^T = [1,55\ 1,99\ 2,33\ 2,59\ 2,78\ 2,90\ 2,98\ 3,02\ 3,025]^T$$

Agora, assinale a alternativa que apresenta a resposta correta:

a. Apenas a afirmação I está correta.
b. Apenas a afirmação II está correta.
c. Apenas a afirmação III está correta.
d. Apenas as afirmações I e III estão corretas.
e. Apenas as afirmações I e II estão corretas.

4) Seja um problema de valor de contorno na forma $\begin{cases} -3y"(x_i) + y(x_i) = x_i, \text{ para } i = 1, \ldots, n-1 \\ y(x_0) = y(x_n) = 0 \end{cases}$,

com $x_i = ih$ para i = 0, ..., n. Queremos aproximar a segunda derivada, y", utilizando a fórmula de diferenças centradas de segunda ordem. Com esse modelo, como deverá ficar o arranjo para $-y"(x_i) + y(x_i) = x_i$?

a. $(y_{i-1} - 2y_i + y_{i+1}) + h^2 y_i = ih^3$
b. $-3(y_{i-1} + y_{i+1}) + h^2 y_i = ih^3$
c. $-(y_{i-1} - y_{i+1}) + h^2 y_i = ih^3$
d. $-3(y_{i-1} - y_{i+1}) + h^2 y_i = ih^3$
e. $-3(y_{i-1} - 2y_i + y_{i+1}) + h^2 y_i = ih^3$

5) Seja um problema de valor de contorno na forma $\begin{cases} \dfrac{dT^2}{d^2x} = 3, \\ y(0) = y(1) = 0 \end{cases}$, com h = 0,1.

Aproximando a segunda derivada pela fórmula de diferenças centradas de segunda ordem, obtemos os valores de T para cada passo h na forma:

a. $T = [0; -13,5; -24; -31,5; -36; -37,5; -36; -31,5; -24; -13,5; 0]$

b. $T = [0; 31,5; -36; -37,5; -36; -31,5; -24; -13,5; 0]$

c. $T = [0; -13,5; -24; -31,5; -31,5; -24; -13,5; 0]$

d. $T = [0; -23,5; -44; -51,5; -56; -57,5; -56; -51,5; -44; -33,5; 0]$

e. $T = [0; -13,5; -13,5; 0]$

Atividades de aprendizagem

Questões para reflexão

1) É comum que métodos implícitos apresentem uma região de estabilidade maior do que nos métodos explícitos. Pesquise sobre esse assunto.

2) Como sabemos, erros de truncamento são comuns com o uso de alguns métodos numéricos. Quando falamos do método das diferenças finitas, temos erros diferentes para uma aproximação por diferenças finitas avançada (atrasada) e centrada. Assim, uma diferença avançada (ou atrasada) terá um erro local de ordem O(h). Já uma diferença centrada terá um erro local de ordem O(h²). Tais erros decorrem de qual etapa no desenvolvimento do método?

Atividade aplicada: prática

1) Os problemas de valor de contorno estão muitos presentes em muitas aplicações da engenharia civil, mecânica, elétrica, entre outras. Encontramos esses problemas em situações com circuitos elétricos, em aplicações com pêndulos, em problemas de apoio, em situações que envolvem entrada ou saída de cargas, e estas podem estar relacionadas à temperatura. Os PVCs são encontrados em modelos de otimização de espaços, de distâncias, entre muitos outros. Também podemos ver aplicações resolvidas pelo MEF na área de biomecânica, aerodinâmica, acústica, eletrostática etc. Para solucionar todas essas aplicações, recaímos na modelagem matemática e na solução pelos métodos numéricos, pois, em geral, os modelos são complexos e não apresentam solução analítica. Pesquise e discuta os erros inerentes à modelagem matemática, etapa anterior à escolha do método de resolução.

Equações diferenciais podem apresentar diversas configurações e serem escritas de diversas formas equivalentes, como vimos nas seções anteriores.

Para o estudo de equações diferenciais parciais (EDPs) de segunda ordem, há uma sistematização útil para categorizar e classificar as EDPs em estudo. Essa categorização é necessária para a escolha do método adequado e a análise correta da solução final.

Neste capítulo, abordaremos a aplicação do método de diferenças finitas para EDPs elípticas, parabólicas e hiperbólicas. Por fim, faremos uma introdução à aplicação do método dos elementos finitos (MEF) em EDPs.

5
Discretização de equações diferenciais parciais (EDPs)

5.1 Classificação das EDPs

A classificação das equações diferenciais consiste em estabelecer uma analogia da EDP com as curvas cônicas (elipses, parábolas e hipérboles), possibilitando traçar estratégias mais eficientes para cada caso.

5.1.1 Forma canônica de uma EDP

Assim como no estudo das equações cônicas, devemos primeiro estabelecer uma forma padrão para escrita da equação regente. Portanto, escrevemos a EDP como:

$$a_{11}\frac{\partial^2 u}{\partial x_1^2} + a_{12}\frac{\partial^2 u}{\partial x_1 \partial x_2} + a_{21}\frac{\partial^2 u}{\partial x_2 \partial x_1} + a_{22}\frac{\partial^2 u}{\partial x_2^2} + a_{10}\frac{\partial u}{\partial x_1} + a_{01}\frac{\partial u}{\partial x_2} + a_{00} = 0 \quad \text{(I)}$$

Em que os coeficientes a_{ij} ponderam as derivadas parciais de u em relação às variáveis x_1 e x_2. Esta é a chamada *forma canônica*.

5.1.2 Equações cônicas: elipses, parábolas e hipérboles

Com base na forma canônica, analogamente à geometria analítica, é fácil classificarmos a equação com base em seus coeficientes. Mais precisamente, definimos a matriz A como:

$$A = \begin{pmatrix} a_{11} & a_{12} \\ a_{21} & a_{22} \end{pmatrix} \quad \text{(II)}$$

Dessa forma, classificamos a matriz A conforme destacamos na sequência.

Matriz A positiva definida: EDP elíptica

Exemplo 5.1 – Equação de Poisson

$$\frac{\partial^2 u}{\partial x_1^2} + \frac{\partial^2 u}{\partial x_2^2} = f(x_1, x_2)$$

Exemplo 5.2 – Equação de Laplace

$$\frac{\partial^2 u}{\partial x_1^2} + \frac{\partial^2 u}{\partial x_2^2} = 0$$

Matriz A não definida (determinante nulo): EDP parabólica

Exemplo 5.3 – Equação do calor

$$\frac{\partial u}{\partial t} - \frac{\partial^2 u}{\partial x^2} = 0$$

Exemplo 5.4 – Equação de Fourier

$$\frac{\partial u}{\partial t} - \alpha\left(\frac{\partial^2 u}{\partial x^2}\right) = 0$$

Matriz A negativa definida: EDP hiperbólica

Exemplo 5.5 – Equação da onda

$$\frac{\partial^2 u}{\partial t^2} - \frac{\partial^2 u}{\partial x^2} = 0$$

Para saber mais

Sobre os tipos de matriz, sugerimos a consulta à seguinte obra:

LEON, S. J. **Álgebra linear com aplicações**. Tradução de Valeria de Magalhães Iorio. 9. ed. São Paulo: LTC, 2019.

Muitas dessas equações modelam problemas físicos. Por exemplo, a equação de Poisson descreve o potencial elétrico na área da eletrostática. Além disso, também pode ser aplicada como modelo em problemas sem variação no tempo (estado estacionário) da equação do calor.

Já a equação do calor pode ser escrita com T(x, y) representando a temperatura num instante *t*, na posição *x*, sobre uma barra.

Logo, é muito importante que o erro cometido, com a solução analítica ou com a solução numérica, seja o menor possível.

Com base nessa classificação, veremos a seguir algumas estratégias de aproximação numérica de soluções para EDPs de segunda ordem.

5.2 Método das diferenças finitas aplicado a equações elípticas

Dada uma EDP elíptica definida num domínio retangular, a aplicação do método de diferenças finitas consiste no processo de discretização do domínio e do operador diferencial e no acoplamento das equações resultantes para solução aproximada do problema.

5.2.1 Discretização do domínio

Nesse contexto, o domínio sobre o qual está definida a EDP,
$D = \{(x_1, x_2) \mid a_1 < x_1 < a_2, b_1 < x_2 < b_2\}$, deve ser discretizado. Isso é feito com a escolha de um número de intervalos de divisão por direção, como N na direção x_1 e M na direção x_2.

Dessa forma, o intervalo $[a_1, a_2]$ discretizado em N subintervalos e o intervalo $[b_1, b_2]$ discretizado em M subintervalos passam a definir uma malha bidimensional discreta com $(N + 1) \cdot (M + 1)$ pontos, ou nós, na qual serão avaliadas as respostas aproximadas.

Figura 5.1 – Malha cartesiana bidimensional com espaçamento constante entre nós

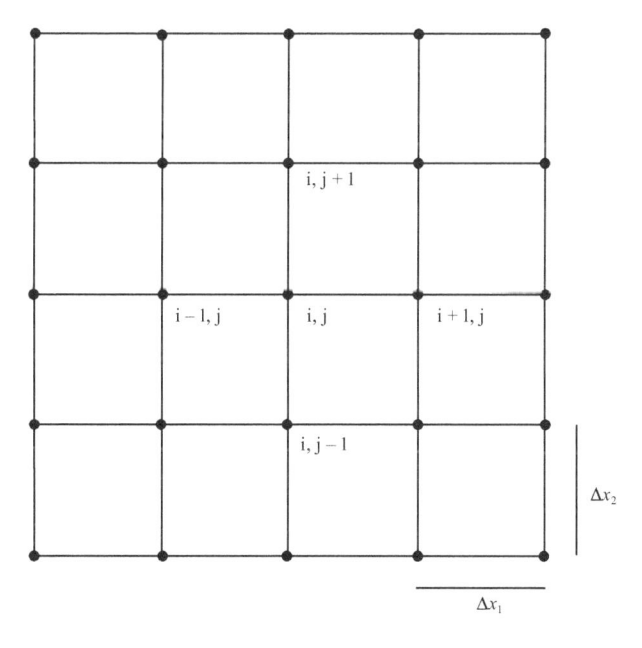

5.2.2 Discretização do operador diferencial

O próximo requisito para o uso do métodos das diferenças finitas é aplicar o procedimento que dá nome ao método. Assim, as derivadas presentes na EDP são aproximadas por esquemas de diferenças finitas conforme a ordem de aproximação desejada.

Para a derivada parcial de segunda ordem na variável x_1 para o nó (i, j) da malha, temos:

$$\frac{\partial^2 u}{\partial x_1^2} \approx \frac{u\left(x_1^{i+1}, x_2^j\right) - 2u\left(x_1^i, x_2^j\right) + u\left(x_1^{i-1}, x_2^j\right)}{h_1^2} \qquad \text{(III)}$$

Em que h_1 é a dimensão de cada subintervalo na direção de x_1.

É interessante notar que, para esse esquema de diferenças finitas, são utilizadas as informações de um nó anterior e de um nó posterior, além da informação desejada no próprio nó.

Analogamente, para a derivada parcial de segunda ordem na variável x_2 para o nó (i, j) da malha, temos:

$$\frac{\partial^2 u}{\partial x_2^2} \approx \frac{u\left(x_1^i, x_2^{j+1}\right) - 2u\left(x_1^i, x_2^j\right) + u\left(x_1^i, x_2^{j-1}\right)}{h_2^2} \qquad \text{(IV)}$$

Em que h_2 é a dimensão de cada subintervalo na direção de x_2.

Se combinarmos esses dois esquemas para um determinado nó da malha, vamos acoplar as informações do nó central (i, j) e os nós diretamente ao norte, sul, leste e oeste, formando um esquema em cruz, também conhecido como *estêncil de 5 pontos*.

5.2.3 Aplicação numa EDP

Consideremos como exemplo a solução aproximada da equação de Poisson:

$$\frac{\partial^2 u}{\partial x_1^2} + \frac{\partial^2 u}{\partial x_2^2} = f(x_1, x_2) \qquad \text{(V)}$$

Com base nos esquemas apresentados, podemos escrever a aproximação no nó (i, j) como:

$$\frac{u\left(x_1^{i+1}, x_2^j\right) - 2u\left(x_1^i, x_2^j\right) + u\left(x_1^{i-1}, x_2^j\right)}{h_1^2}$$
$$+ \frac{u\left(x_1^i, x_2^{j+1}\right) - 2u\left(x_1^i, x_2^j\right) + u\left(x_1^i, x_2^{j-1}\right)}{h_2^2} = f\left(x_1^i, x_2^j\right) \qquad \text{(VI)}$$

Se adotarmos uma notação mais compacta e $h_1 = h_2 = h$, é possível escrever:

$$\frac{u_{i+1,j} - 2u_{i,j} + u_{i-1,j}}{h^2} + \frac{u_{i,j+1} - 2u_{i,j} + u_{i,j-1}}{h^2} = f^{i,j} \qquad \text{(VII)}$$

Rearranjando, temos:

$$-u_{i+1,j} - u_{i-1,j} + 4u_{i,j} - u_{i,j+1} - u_{i,j-1} = -h^2 f^{i,j} \qquad \text{(VIII)}$$

Aplicando esse equacionamento a todos os $d = (N-1) \cdot (M-1)$ nós internos da malha, obtemos um sistema com d equações. Existem diversas formas de ler os nós da malha para formar o sistema de equações. Um meio possível é adotar o índice $k = i + (M - 1 - j)(N - 1)$, correspondente à leitura lexicográfica dos nós da malha.

Note que esse esquema é representado geometricamente pelo estêncil de 5 pontos e que, em cada nó (i, j) da malha, teremos uma incógnita $u\left(x_1^i, x_2^j\right)$ e uma equação de diferenças dada por VIII.

Os nós na borda do domínio do problema carregam as informações de contorno e, portanto, têm os valores prescritos. Ou seja, quando os índices *i* e *j* corresponderem a nós no contorno, devemos aplicar o valor prescrito no esquema de diferenças finitas para afetar aquela equação no sistema.

O sistema de equações resultante pode ser resolvido numericamente por meio de diversos métodos, como Jacobi ou Gauss-Seidel, e a escolha depende da conveniência, da eficiência computacional e das dimensões do problema.

5.3 Método das diferenças finitas aplicado a equações parabólicas

Vamos observar a equação do calor, uma equação parabólica:

$$\frac{\partial u}{\partial t} - \alpha^2 \frac{\partial^2 u}{\partial x^2} = 0 \qquad \text{(IX)}$$

No caso de equações parabólicas, há um, por assim dizer, desequilíbrio entre as derivadas presentes na EDP em relação a cada variável. Com isso, passa a ser necessário um esquema distinto de diferenças finitas. Além disso, no caso de equações de dissipação de calor e de difusão, a variável *tempo* tem uma propriedade peculiar de ser sempre positiva e de variação unidirecional.

Assim, nesse contexto, a discretização do operador diferencial passa pela escolha da forma de discretização da derivada temporal e a derivada espacial pode ser discretizada pelo mesmo esquema já exposto anteriormente.

Para a derivada temporal, podemos descrever o operador diferencial em nós na malha no instante seguinte utilizando apenas o estado anterior (Foward Difference Method – FDM) ou utilizando os dados dos nós vizinhos a serem também calculados (Backward Difference Method – BDM).

O primeiro método, FDM, dá origem a um método explícito, mas condicionalmente estável; o segundo, BDM, gera um método implícito, estável. Veremos isso com mais detalhes na sequência.

5.3.1 Foward Difference Method (FDM)

A derivada $\frac{\partial u}{\partial t}$ pode ser aproximada por um esquema de diferenças finitas avançadas, com o passo no tempo dado por Δt:

$$\frac{\partial u}{\partial t} \approx \frac{u(x^i, t^{j+1}) - u(x^i, t^j)}{\Delta t} \qquad \text{(X)}$$

Utilizando a expressão para a derivada segunda centrada no espaço para o instante anterior, apresentada anteriormente, o esquema de diferenças finitas para a EDP pode ser escrito como:

$$\frac{u_{i,j+1} - u_{i,j}}{\Delta t} - \alpha^2 \frac{u_{i+1,j} - 2u_{i,j} + u_{i-1,j}}{h^2} = 0 \qquad \text{(XI)}$$

Em que o passo no tempo é dado por Δt e os subintervalos da malha espacial são de tamanho h.

Dessa forma, o estado no i-ésimo nó da malha no instante seguinte é explicitamente determinado por:

$$u_{i,j+1} = u_{i,j} + \alpha^2 \frac{\Delta t}{h^2}(u_{i+1,j} - 2u_{i,j} + u_{i-1,j}) \qquad \text{(XXII)}$$

É importante notarmos que a estabilidade dessa aproximação, à medida que se avança no tempo, está diretamente ligada ao fator $\frac{\Delta t}{h^2}$ e a como esse fator amplifica ou não a resposta temporal. Assim, apesar de reduzirmos o custo computacional do método ao obtermos um esquema explícito, é necessário termos um cuidado adicional com o tamanho do passo em relação ao grau de refino da malha.

Essa análise de estabilidade faz parte de um contexto mais amplo e de grande relevância no qual se estudam condições de estabilidade chamadas de *Courant-Friedrich-Lewis* (CFL).

5.3.2 Backward Difference Method (BDM)

Em alternativa ao FDM, a derivada $\frac{\partial u}{\partial t}$ pode ser aproximada por um esquema de diferenças finitas em que o passo no tempo é dado por Δt:

$$\frac{\partial u}{\partial t} \approx \frac{u(x^i, t^j) - u(x^i, t^{j-1})}{\Delta t} \quad \textbf{(XIII)}$$

Utilizando a expressão para a derivada segunda centrada no espaço para o instante anterior, apresentada anteriormente, o esquema de diferenças finitas para a EDP pode ser escrito como:

$$\frac{u_{i,j} - u_{i,j-1}}{\Delta t} - \alpha^2 \frac{u_{i+1,j} - 2u_{i,j} + u_{i-1,j}}{h^2} = 0 \quad \textbf{(XIV)}$$

Em que o passo no tempo é dado por Δt e os subintervalos da malha espacial são de tamanho h.

Dessa forma, o estado no i-ésimo nó da malha no instante seguinte é explicitamente determinado por:

$$u_{i,j} - u_{i,j-1} - \alpha^2 \frac{\Delta t}{h^2}(u_{i+1,j} - 2u_{i,j} + u_{i-1,j}) = 0 \quad \textbf{(XV)}$$

Assim, para o j-ésimo passo de tempo, as respostas no i-ésimo nó dependem não apenas do estado anterior, mas também dos seus vizinhos a serem calculados. Logo, é gerado um sistema de equações ao escrevermos esse esquema para cada nó interno da malha.

Por não calcularmos diretamente cada nó separadamente, e sim todos de uma só vez, o método é dito *implícito*, o que eleva o custo computacional. No entanto, o método resultante é incondicionalmente estável.

5.3.3 Método de Crank-Nicolson

Uma terceira opção é combinar os esquemas FDM e BDM, utilizando tanto informações passadas como aquelas a serem calculadas. Esse procedimento é análogo ao desenvolvimento sobre diferenças finitas apresentado anteriormente, ao obtermos o esquema de diferenças centradas com base nas fórmulas laterais.

Com esse procedimento, chamado de *método de Crank-Nicolson*, aumentamos a ordem de convergência da aproximação no tempo, possibilitando a obtenção de resposta acuradas com a estabilidade incondicional.

O esquema resulta da média entre os dois esquemas seguintes, dando origem a um método implícito com menores ordem de erro:

$$u_{i,j+1} = u_{i,j} + \alpha^2 \frac{\Delta t}{h^2}(u_{i+1,j} - 2u_{i,j} + u_{i-1,j}) \quad \textbf{(XVI)}$$

$$u_{i,j} - u_{i,j-1} - \alpha^2 \frac{\Delta t}{h^2}(u_{i+1,j} - 2u_{i,j} + u_{i-1,j}) = 0 \quad \textbf{(XVII)}$$

5.4 Método das diferenças finitas aplicado a equações hiperbólicas

A aplicação dos esquemas de diferenças finitas para equações hiperbólicas aproveita os esquemas de segunda derivada, apresentados anteriormente, em conjunto com a noção de propagação no tempo, também discutida anteriormente.

Vamos considerar a equação da onda:

$$\frac{\partial^2 u}{\partial t^2} - \alpha^2 \frac{\partial^2 u}{\partial x^2} = 0 \qquad \text{(XVIII)}$$

É interessante notarmos que, por haver um equilíbrio entre a derivadas de segunda ordem, é intuitivo seguir diretamente para um esquema explícito. Ou seja, assim como no caso elíptico, teremos os nós envolvidos no equacionamento formando uma cruz. Mas, diferentemente do caso elíptico, o nó a ser calculado é o correspondente ao norte, ou o i-ésimo nó da malha espacial no j-ésimo passo de tempo.

5.4.1 Esquema de diferenças finitas

Com as considerações feitas anteriormente e aproveitando os esquemas de segunda derivada, podemos aproximar a equação da onda com o seguinte esquema:

$$\frac{u_{i+1,j} - 2u_{i,j} + u_{i-1,j}}{\Delta t^2} - \alpha^2 \frac{u_{i,j+1} - 2u_{i,j} + u_{i,j-1}}{h^2} = 0 \qquad \text{(XIX)}$$

Assim, o estado $u_{i,j+1}$ é calculado diretamente.

Importante destacar que é necessário o conhecimento de dois passos anteriores no tempo. Assim, esse esquema é válido apenas a partir do segundo passo de tempo, ao ponto que só se conhecem as condições iniciais do problema *a priori*. Para contornar esse problema, podemos utilizar um passo inicial com diferenças avançadas para a segunda derivada no tempo ou utilizar condições de simetria do problema em relação ao estado inicial.

5.5 Introdução ao método dos elementos finitos (MEF) aplicado à solução de EDPs

O método das diferenças finitas se baseia numa discretização direta do operador diferencial, ou na forma forte do problema de valor de contorno. Já o MEF visa atacar a forma fraca do correspondente problema variacional de valor de contorno. Com isso, as exigências acerca da regularidade das soluções buscadas são reduzidas, possibilitando maior versatilidade na aproximação.

5.5.1 Transferência parcial do operador diferencial

Conforme comentamos anteriormente, no contexto do método de Rayleigh-Ritz, é possível buscarmos uma solução ótima aproximada para uma equação diferencial por meio do estudo da projeção do resíduo ponderado.

Para o caso de EDPs, o conceito é totalmente equivalente. A única ressalva é que a transferência do operador diferencial não é mais diretamente feita pela regra de integração por parte, e sim pela sua generalização para múltiplas variáveis, ou seja, o teorema de Green[1].

5.5.2 Discretização do domínio

Assim como vimos para resíduos ponderados, a discretização do domínio do problema pode ser interpretada apenas como a escolha de uma base de funções para o espaço de aproximação, no qual essas funções têm a propriedade de serem não nulas apenas num intervalo, chamado de *suporte*.

No contexto bidimensional, a abordagem é equivalente: agora, as funções são não nulas numa região, e a união de todas essas regiões deve cobrir todo o domínio. Por simplicidade, é possível gerar essas funções bidimensionais com essas propriedades desejadas a partir do produto cartesiano de bases de funções utilizadas para problemas unidimensionais.

5.5.3 Aplicação do MEF numa EDP bidimensional

Consideremos a equação de Poisson, com condições de contorno nulas num domínio bidimensional. A forma forte do problema é dada por:

$$\frac{\partial^2 u}{\partial x_1^2} + \frac{\partial^2 u}{\partial x_2^2} = f(x_1, x_2) \qquad \text{(XX)}$$

Ou, de modo compacto e considerando direções x e y:

$$u_{xx} + u_{yy} = f(x, y) \qquad \text{(XXI)}$$

Ponderando com uma função v e integrando no domínio bidimensional, temos:

$$\iint (u_{xx} v + u_{yy} v) dx dy = \iint v f(x, y) dx dy \qquad \text{(XXII)}$$

Se aplicarmos o teorema de Green, obteremos a forma fraca:

$$-\iint (u_x v_x + u_y v_y) dx dy = -\int_\Gamma u_x v d\Gamma + \iint v f(x, y) dx dy \qquad \text{(XXIII)}$$

---

1 O teorema de Green, sua prova e exemplos resolvidos podem ser encontrados em Guidorizzi (2011, p. 187).

Analogamente ao apresentado no método de Rayleigh-Ritz, podemos escrever a expressão desenvolvida para uma base de funções Φ_i que gere o espaço de aproximação desejado. Além disso, escolhendo Φ_i de forma a atender às condições de contorno, eliminamos a integral no contorno Γ. Dessa forma, temos:

$$\sum_{j}^{J}\sum_{i}^{I}\alpha_j\iint(\Phi_{ix}\Phi_{jx}+\Phi_{iy}\Phi_{jy})dxdy = -\sum_{j}^{J}\iint\Phi_j f(x,y)dxdy \qquad \text{(XIV)}$$

As funções u e v podem ser escritas como combinações lineares das funções Φ_i. Logo, é formado um sistema de equações que, ao ser resolvido, leva ao conhecimento das constantes de combinação linear α_j e, portanto, do campo u(x, y) desejado. As integrais que aparecem na formulação podem ser calculadas analiticamente para casos simples ou numericamente quando conveniente.

Aplicação do conhecimento

Vamos considerar a equação de Poisson, com condições de contorno nulas num domínio bidimensional quadrangular de dimensões unitárias, centrado na origem do sistema cartesiano. O modelo do problema é dado por:

$$\frac{\partial^2 u}{\partial x^2}+\frac{\partial^2 u}{\partial y^2}=f(x,y)$$

Em que *f(x, y)* é um termo fonte:

$$f(x,y)=\left(x^2-\frac{1}{4}\right)\left(y^2-\frac{1}{4}\right)$$

Agora, vamos discretizar o domínio numa malha de 4 subintervalos por direção e aplicar o método das diferenças finitas conforme apresentado neste capítulo. Depois, vamos refinar a malha para 8 subintervalos por direção e comparar as respostas nos nós alinhados. Para isso, aproveitaremos as mesmas malhas e aplicaremos o MEF com funções lineares em cada elemento.

Por fim, vamos analisar qual seria o método mais adequado para a modelagem numérica desse problema.

Primeiramente, é necessário realizarmos a discretização do domínio. Uma representação dos nós resultantes para ambos os casos é dada por:

Figura 5.2 – Discretização do domínio

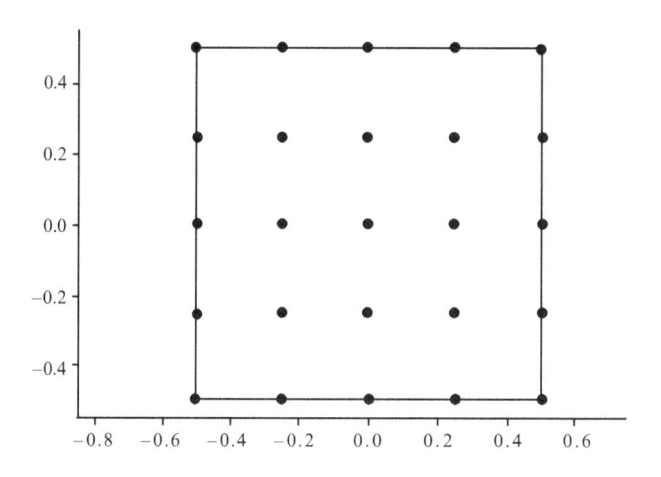

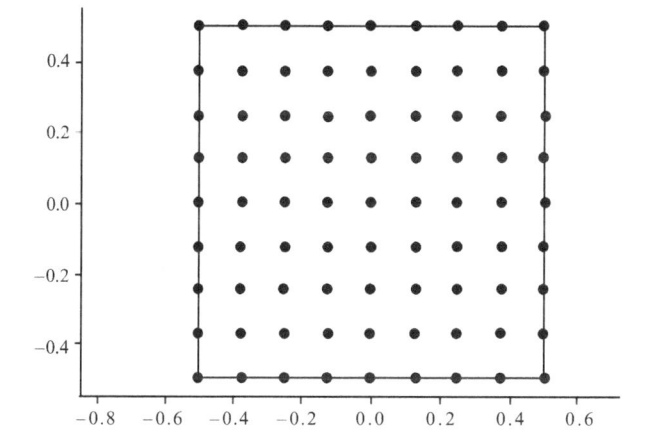

Para a aproximação pelo método das diferenças finitas, o esquema a ser utilizado é:

$$-u_{i+1,j} - u_{i-1,j} + 4u_{i,j} - u_{i,j+1} - u_{i,j-1} = -h^2 f^{i,j}$$

Esse esquema deve ser aplicado para os nós interiores da malha; para os nós do contorno, devemos impor as condições de contorno homogêneas descritas do problema:

$$1u_{i,j} = 0$$

Com isso, construímos um sistema de equações referente ao equacionamento para cada nó da malha. O método pode ser programado do modo a seguir:

Código em Python 1

```python
import numpy as np
import matplotlib.pyplot as plt

n = 4

x = np.linspace(-0.5,0.5,n+1)
y = np.linspace(-0.5,0.5,n+1)
h = x[1]-x[0]

f = lambda x, y : (x**2-0.25)*(y**2-0.25)

incid = np.arange((n+1) * (n+1)).reshape((n+1, n+1))[::-1,:]

dimG = (n+1) * (n+1)
K = np.zeros((dimG, dimG))
F = np.zeros(dimG)

for i in range(1,n):

    for j in range(1,n):

        N = incid[i-1,j]
        S = incid[i+1,j]
        W = incid[i,j-1]
        E = incid[i,j+1]
        C = incid[i,j]

        K[C, N] = -1/h**2
        K[C, S] = -1/h**2
        K[C, W] = -1/h**2
        K[C, E] = -1/h**2
        K[C, C] = +4/h**2

        F[C] = f(x[j], y[i])

ccs = np.concatenate((incid[:,0],
                      incid[:,-1],
                      incid[0,:],
                      incid[-1,:]))
```

```
ccs = np.array(list(set(ccs.tolist())))

K[ccs, ccs] = 1

U = np.linalg.solve(K, F)
D = int(np.sqrt(len(U)))
U = U.reshape((D, D))
```

Para as duas malhas, um resultado esperado é o apresentado no gráfico a seguir.

Figura 5.3 – Quatro elementos (A) e oito elementos (B) por direção

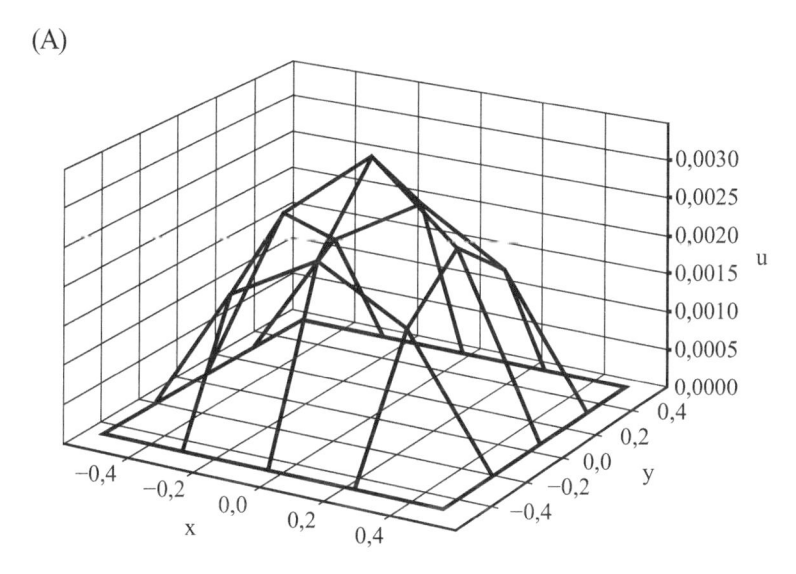

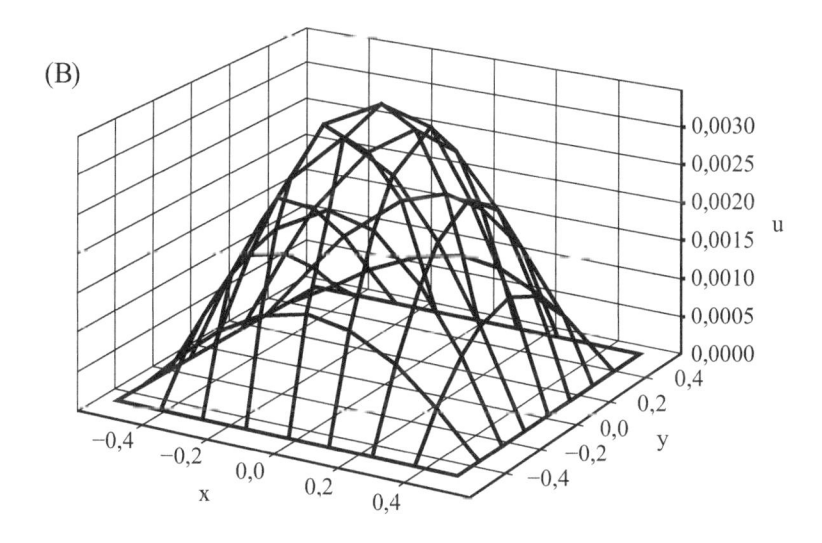

Para o MEF, é necessário construir as funções de interpolação a serem utilizadas. Para isso, devemos utilizar as funções bidimensionais geradas pelo produto cartesiano das funções de interpolação unidimensionais. As funções resultantes são:

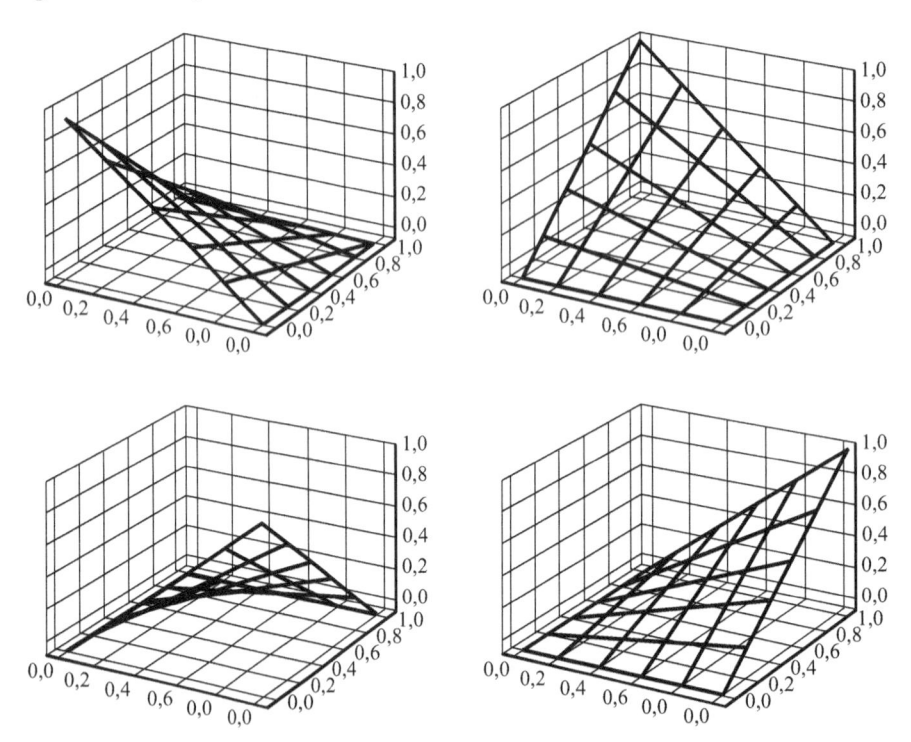

Figura 5.4 – Funções resultantes

Uma implementação possível para as funções é apresentada a seguir:

Código em Python 2
```python
import numpy as np
import matplotlib.pyplot as plt
from scipy.integrate import quad, dblquad


f1 = lambda x, x0, x1 : 1 - (x-x0)/(x1-x0)
f2 = lambda x, x0, x1 : (x-x0)/(x1-x0)

df1 = lambda x, x0, x1 : -(1)/(x1-x0)
df2 = lambda x, x0, x1 : (1)/(x1-x0)
```

```python
def get_2D_funcs(x0,x1,y0,y1):

    N11 = lambda x, y : f1(x, x0, x1)*f1(y, y0, y1)
    N12 = lambda x, y : f1(x, x0, x1)*f2(y, y0, y1)
    N21 = lambda x, y : f2(x, x0, x1)*f1(y, y0, y1)
    N22 = lambda x, y : f2(x, x0, x1)*f2(y, y0, y1)

    dN11x = lambda x, y : df1(x, x0, x1)*f1(y, y0, y1)
    dN12x = lambda x, y : df1(x, x0, x1)*f2(y, y0, y1)
    dN21x = lambda x, y : df2(x, x0, x1)*f1(y, y0, y1)
    dN22x = lambda x, y : df2(x, x0, x1)*f2(y, y0, y1)

    dN11y = lambda x, y : f1(x, x0, x1)*df1(y, y0, y1)
    dN12y = lambda x, y : f1(x, x0, x1)*df2(y, y0, y1)
    dN21y = lambda x, y : f2(x, x0, x1)*df1(y, y0, y1)
    dN22y = lambda x, y : f2(x, x0, x1)*df2(y, y0, y1)

    return [N11, N21, N22, N12], [dN11x, dN21x, dN22x, dN12x], [dN11y, dN21y, dN22y, dN12y]
```

Na sequência, temos a sistematização do método, com a construção das matrizes e dos vetores necessários para o sistema de equações pertinente. Para fins didáticos, a integração é feita numericamente para cada elemento, apesar da regularidade da malha.

Código em Python 3
```python
n = 4
x = np.linspace(-0.5,0.5,n+1); y = np.linspace(-0.5,0.5,n+1)
dim = 4

f = lambda x, y : (x**2-0.25)*(y**2-0.25)

incid = np.arange((n+1) * (n+1)).reshape((n+1, n+1))
dimG = (n+1) * (n+1)
K = np.zeros((dimG, dimG)) ; F = np.zeros(dimG)

for i in range(n):

    for j in range(n):

        Ns, dNxs, dNys = get_2D_funcs(x[i], x[i+1],
                                      y[j], y[j+1])
```

```
            indices = incid[i:i+2, j:j+2][:,:].reshape(4)
            a, b, c, d = x[j], x[j+1], y[i], y[i+1]

            for k in range(dim):

                aux = lambda x, y : Ns[k](x,y) * f(x, y)
                idxi = indices[k]
                F[idxi] += dblquad(aux, a, b, c, d)[0]

                for l in range(dim):

                    aux = lambda x, y : dNxs[k](x,y) * dNxs[l](x,y) + dNys[k](x,y) * dNys[l](x,y)
                    idxj = indices[l]
                    K[idxi, idxj] += dblquad(aux, a, b, c, d)[0]


ccs = np.concatenate((incid[:,0],
                      incid[:,-1],
                      incid[0,:],
                      incid[-1,:]))

ccs = np.array(list(set(ccs.tolist())))

Kres = np.delete(np.delete(K, ccs, 0), ccs, 1) ; Fres = np.delete(F, ccs, 0)

ures = np.linalg.solve(Kres, Fres); D = int(np.sqrt(len(ures)))
u = ures.reshape((D, D))

U = np.zeros(((n+1), (n+1))) ; U[1:-1,1:-1] += u

fig = plt.figure()

x, y = np.meshgrid(x, y)
ax1 = fig.add_subplot(111, projection='3d')
ax1.plot_wireframe(x, y, U)
ax1.set_xlabel('x') ; ax1.set_ylabel('y') ; ax1.set_zlabel('u')
```

Para as duas malhas, temos o seguinte resultado esperado:

Figura 5.5 – Malha com quatro elementos (A) e com oito elementos (B)

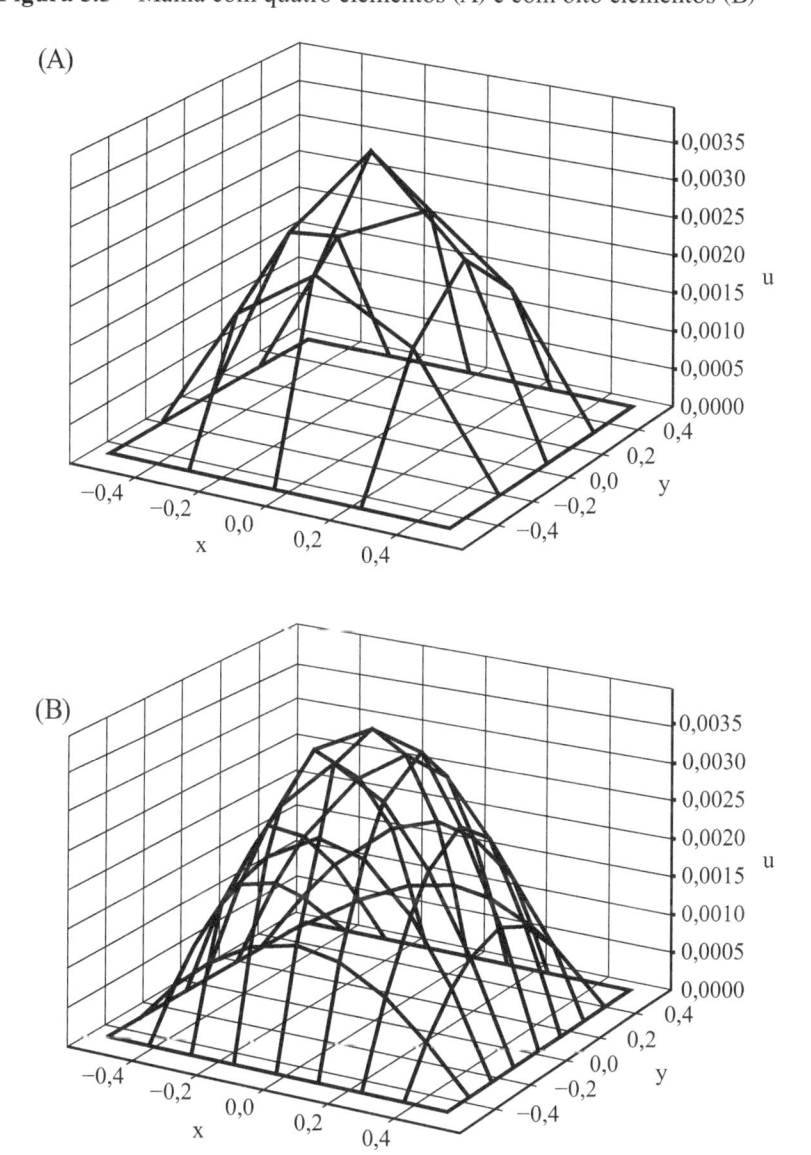

Por fim, podemos dizer que a definição do método mais adequado é uma questão aberta, mas que deve contemplar e comparar aspectos como: tempo de computação, facilidade de implementação, qualidade da resposta, número de operações e outros aspectos numéricos.

Síntese

Neste quinto capítulo, apresentamos aplicações do método de diferenças finitas para equações diferenciais parciais nos casos de EDPs Elípticas, parabólicas e hiperbólicas. Vimos, ainda, uma categorização apropriada para essa abordagem.

Por fim, fizemos uma introdução à aplicação do MEF em EDPs, conforme o que vimos sobre o método de Rayleigh-Ritz e o método dos resíduos ponderados.

A título de aprofundamento, os assuntos abordados nesta seção podem ser encontrados nos materiais de Franco (2006), Burden e Faires (2008), Butcher e Goodwin (2008) e Chapra (2012).

Atividades de autoavaliação

1) A equação que descreve a variação na temperatura ao longo de uma barra metálica é conhecida como uma equação diferencial parcial parabólica que pode ser dada por:

$$\frac{\partial T}{\partial t} = \alpha \frac{\partial^2 T}{\partial x^2}$$

As condições de contorno associadas a esse problema são (Fontana, 2018):

$$T(0,t) = T_a, T(L,t) = T_b, T(x,0) = \sin x$$

Marque a seguir a alternativa correta sobre o método das diferenças finitas para EDPs parabólicas:

a. Ao utilizar um esquema regressivo e fazer a substituição deste na EDP, obtemos $\frac{dT_i}{dt} = \frac{\alpha}{\Delta x^2}(T_{i+1} - 2T_i + T_{i-1})$.

b. A aplicação das condições de contorno vão resultar em valores específicos para a variável T_i nas extremidades $x = 0$ e $x = L$ que serão válidos para qualquer dos tempos especificados.

c. Podemos discretizar a derivada em relação à direção x. Para isso, pode ser usado um esquema central dado por $\frac{T_{i+1} - 2T_i + T_{i-1}}{\Delta x^2}$.

d. A temperatura é uma função apenas da posição $(T(x,t))$.

e. A condição $T(0,t) = T_a$ vai resultar em $T_0 = T_a$; a condição $T(L,t) = T_b$ vai resultar em $T_N = T_b$, em que $N + 1$ é o número total de pontos utilizados para discretizar o domínio de solução na direção x.

2) Analise o trecho a seguir.

A equação que descreve a variação na temperatura ao longo da posição x e do tempo t será:

$$\frac{\partial T}{\partial t} = \alpha \frac{\partial^2 T}{\partial x^2} - h'\alpha(T - T_\alpha)$$

As condições de contorno associadas [...] são:

$$T(0, t) = T_{ext} \quad \frac{\partial T}{\partial x}\bigg|_{x=L} = 0$$

Além disso, a condição inicial utilizada é da forma:

$T(x, 0) = T_{ini}$

(Fontana, 2018, p. 63)

Agora, marque a alternativa correta sobre o método das diferenças finitas:

a. Para resolver a equação do texto com o método das diferenças finitas, precisamos discretizar a equação na direção espacial e manter a função contínua no tempo.

b. O uso de uma discretização da EDP com 6 pontos na direção x resultará num conjunto de valores $(T_0, T_1, T_2, T_3, T_4)$ que representam a temperatura nos pontos respectivos $(x_0, x_1, x_2, x_3, x_4)$.

c. A EDP avaliada no fragmento de texto (EDP parabólica) envolve a derivada primeira em relação à direção y.

d. Se considerarmos um esquema de diferenças finitas progressivas, a derivada segunda nos pontos x_i é dada por $\frac{\partial^2 T}{\partial x^2} = \frac{T_{i+1} - 2T_i + T_{i-1}}{(\Delta x)^2}$.

e. T_0 e T_5 são obtidas pela aplicação das condições iniciais.

3) Leia o texto a seguir.

Método dos elementos finitos

Método numérico ou computacional cujo objetivo é modelar um problema real que envolve meios contínuos através da análise de partes discretas desses meios. (Arndt, 2012, p. 3)

Agora, relacione cada etapa às suas respectivas descrições e, depois, assinale a alternativa que apresenta a sequência correta:

Coluna 1

1) Etapa I
2) Etapa II
3) Etapa III
4) Etapa IV
5) Etapa V

Coluna 2

( ) Formulação forte convertida em formulação fraca.
( ) Construção da matriz de rigidez e vetor de força.
( ) Escolha das funções de interpolação (funções de forma).
( ) Discretização do domínio.
( ) Solução do sistema global de equações sujeito às condições de contorno.

a. 2 – 3 – 4 – 5 – 1.
b. 1 – 4 – 5 – 2 – 3.
c. 2 – 4 – 1 – 3 – 5.
d. 1 – 4 – 2 – 3 – 5.
e. 4 – 2 – 3 – 5 – 1.

4) Analise o trecho a seguir.

"A resolução de um tal problema pelo método de diferenças finitas consiste em quatro etapas fundamentais: 1. construção da malha, 2. construção do problema discreto, 3. resolução do problema discreto e 4. visualização e interpretação dos resultados". (Justo et al., 2020, p. 328-329)

Seja o PVC com condição de Dirichlet homogênea:

$$-u_{xx} = 2(x-1)^2, \text{ com } 0 < x < 1$$
$$u(0) = 0$$
$$u(1) = 0$$

Resolva o problema com a fórmula de diferenças finitas central de ordem 2 para discretizar a derivada numa malha uniforme de 4 pontos. Depois, marque a alternativa com que apresenta a resposta correta:

a. Matriz $\bar{u} = \begin{bmatrix} u_1 \\ u_2 \\ u_3 \\ u_4 \end{bmatrix} = \begin{bmatrix} 0 \\ 0{,}3333333 \\ 0{,}6666667 \\ 1 \end{bmatrix}$

b. Matriz $\bar{u} = \begin{bmatrix} u_1 \\ u_2 \\ u_3 \\ u_4 \end{bmatrix} = \begin{bmatrix} 0 \\ -0{,}09876543 \\ -0{,}02469136 \\ 0 \end{bmatrix}$

c. Matriz $b = \begin{bmatrix} u_1 \\ u_2 \\ u_3 \\ u_4 \end{bmatrix} = \begin{bmatrix} 0 \\ 0{,}07407407 \\ 0{,}04938272 \\ 0 \end{bmatrix}$

d. Matriz $x = \begin{bmatrix} u_1 \\ u_2 \\ u_3 \\ u_4 \end{bmatrix} = \begin{bmatrix} 0 \\ 0{,}07407407 \\ 0{,}04938272 \\ 0 \end{bmatrix}$

e. Matriz $\bar{u} = \begin{bmatrix} u_1 \\ u_2 \\ u_3 \\ u_4 \end{bmatrix} = \begin{bmatrix} 0 \\ 0{,}07407407 \\ 0{,}04938272 \\ 0 \end{bmatrix}$

5) Uma função de interpolação no MEF está diretamente relacionada à dimensão do domínio e à quantidade de nós do elemento escolhido para discretizar o domínio. Baseado nessa informação e no conteúdo desta obra, assinale a alternativa correta sobre o MEF:

   a. A discretização do domínio unidimensional sempre é feita por elementos de barra com interpolação não linear.
   b. A discretização do domínio bidimensional sempre é feita por elementos triangulares com interpolação linear.
   c. A discretização do domínio bidimensional pode ser feita por elementos triangulares com interpolação linear.
   d. A discretização do domínio tridimensional sempre é feita por elementos triangulares com interpolação linear.
   e. A discretização do domínio unidimensional sempre é feita por elementos triangulares com interpolação linear.

ATIVIDADES DE APRENDIZAGEM

QUESTÕES PARA REFLEXÃO

1) No método das diferenças finitas existe uma importante diferença quando comparamos o método explícito com o implícito, a qual fica caracterizada pela ordem na aproximação da derivada parcial. Discuta essa diferença.

2) O método de Crank-Nicolson utiliza diferenças finitas com aproximações de ordem $O(h^2)$ e $O(\Delta t^2)$. Esse método é considerado mais vantajoso se comparado a um método de diferenças finitas clássico. O que faz com que tenha essa maior vantagem?

3) O MEF resolve uma equação diferencial de forma que o domínio da função é discretizado em elementos, que podem ser de barra (com 2 ou 3 nós), triangulares (com 3 ou 6 nós), quadrilaterais (com 4 ou 9 nós), entre outros. A quantidade de nós do elemento influenciará, diretamente, qual estrutura usada no desenvolvimento do MEF?

ATIVIDADE APLICADA: PRÁTICA

1) O MEF é muito utilizado na engenharia (assim como o método das diferenças finitas) pela sua agilidade em discretizar o domínio, principalmente domínios planos, fazendo com que o domínio possa ter uma forma bastante complexa. O elemento mais comum de ser usado, nesses casos, é o triangular (malhas triangulares), justamente por ser facilmente ajustável em domínios complexos. De acordo com o que vimos neste capítulo, após a etapa de aproximação do domínio, qual é a segunda etapa a ser resolvida para a solução do PVC por MEF.

O comportamento da solução de um sistema de equações diferenciais parciais (EDPs) é um tópico de grande interesse para a modelagem de sistemas dinâmicos, como a estabilidade de estruturas civis e mecânicas, os modelos de presa-predador e o sistema de potência.

Nesse contexto, é fundamental a previsão da estabilidade de determinadas soluções ou trajetórias num sistema que modela o fenômeno de interesse.

O escopo deste capítulo é um recorte dessa ampla área de estudo, com foco no problema de sistemas autônomos no plano e suas configurações de estabilidade.

Para tal, abordaremos a definição de sistemas autônomos, a estabilidade de sistemas autônomos lineares e a extensão da teoria para sistemas autônomos não lineares.

6 Sistemas autônomos

6.1 Definição

Podemos definir um sistema autônomo como um sistema de equações diferenciais de primeira ordem que pode ser escrito na seguinte forma:

$$\frac{dx_1}{dt} = f_1(x_1, x_2, x_3, \ldots, x_n)$$

$$\frac{dx_2}{dt} = f_2(x_1, x_2, x_3, \ldots, x_n)$$

$$\frac{dx_3}{dt} = f_3(x_1, x_2, x_3, \ldots, x_n)$$

$$\vdots$$

$$\frac{dx_n}{dt} = f_n(x_1, x_2, x_3, \ldots, x_n) \tag{I}$$

Em que as funções f_i dependem de múltiplas variáveis, mas não dependem explicitamente da variável *tempo*.

Podemos usar uma notação matricial de forma que I ficará escrita como:

$$X(t) = \begin{pmatrix} x_1(t) \\ x_2(t) \\ \vdots \\ x_n(t) \end{pmatrix}, f(X) = \begin{pmatrix} f_1(x_1, x_2, x_3, \ldots, x_n) \\ f_2(x_1, x_2, x_3, \ldots, x_n) \\ \vdots \\ f_n(x_1, x_2, x_3, \ldots, x_n) \end{pmatrix} \tag{II}$$

Na forma compacta, temos: $\dot{x}(t) = f(X)$.

Como exemplo, podemos citar uma equação do tipo:

$$\frac{dy}{dx} = -y - 2$$

Essa equação é dita uma *EDO linear autônoma*.

Exemplo 6.1

Vamos considerar um sistema bidimensional do tipo:

$$\begin{cases} \dfrac{dx}{dt} = ax + by \\ \dfrac{dy}{dt} = cx + dy \end{cases} \quad \text{(III)}$$

Em que a, b, c e d são considerados constantes.

Esse sistema é bidimensional linear autônomo e pode ser representado matricialmente como:

$$\begin{pmatrix} \dot{x} \\ \dot{y} \end{pmatrix} = \begin{pmatrix} a & b \\ c & d \end{pmatrix} \begin{pmatrix} x \\ y \end{pmatrix} \quad \text{(IV)}$$

Ou, ainda:

$$\dot{x} = AX \quad \text{(V)}$$

Com $A = \begin{pmatrix} a & b \\ c & d \end{pmatrix}$.

Assim, podemos escrever:

$$\begin{vmatrix} a-\lambda & b \\ c & d-\lambda \end{vmatrix} = 0 \Leftrightarrow \lambda^2 - (a+d)\lambda + (ad-bc) = 0 \quad \text{(VI)}$$

As raízes dessa equação do segundo grau serão os valores próprios da matriz.

O polinômio dado pela equação VI é um polinômio característico de forma que podemos obter os autovalores e os respectivos autovetores associados.

Fazendo analogia a um sistema escalar com solução analítica dada por $x(t) = ce^{at}$, podemos supor que IV terá a seguinte solução:

$$X(t) = Ce^{\lambda t}, \text{ com } C = \begin{pmatrix} c_1 \\ c_2 \end{pmatrix} \quad \text{(VII)}$$

Se substituirmos V em III, obtemos:

$$\lambda C e^{\lambda t} = AC e^{\lambda t}$$

Dessa forma, $AC = \lambda C$ e, portanto, $(A - I\lambda)C = 0$. Temos uma solução $X(t)$ dependente de λ, e este é um autovalor com autovetor C associado.

Exemplo 6.2

Seja o sistema de equações diferenciais lineares autônomas $\begin{cases} \dfrac{dx}{dt} = x + 4y \\ \dfrac{dy}{dt} = 4x + y \end{cases}$.

Podemos escrevê-lo na forma:

$$\dot{X} = \begin{pmatrix} \dot{x} \\ \dot{y} \end{pmatrix} = \begin{pmatrix} 1 & 3 \\ 4 & 1 \end{pmatrix} \begin{pmatrix} x \\ y \end{pmatrix}$$

Com ela, vamos determinar os autovalores fazendo $\det(A - \lambda I) = 0$.

$$\begin{vmatrix} (1-\lambda) & 4 \\ 4 & (1-\lambda) \end{vmatrix} = 0 \Rightarrow (1-\lambda)^2 - 16 = 0 \Leftrightarrow 1 - 2\lambda + \lambda^2 - 16 = 0$$

$$\lambda^2 - 2\lambda - 15 = 0$$

Portanto, os autovalores são dados por $\lambda_1 = 5$ e $\lambda_2 = -3$.

Para $\lambda_1 = 5$, temos:

$$(A - 5I)v = 0 \Rightarrow \begin{pmatrix} 1-5 & 4 \\ 4 & 1-5 \end{pmatrix} \begin{pmatrix} v_1 \\ v_2 \end{pmatrix} = \begin{pmatrix} 0 \\ 0 \end{pmatrix}$$

Desse modo, obtemos o sistema:

$$\begin{cases} -4v_1 + 4v_2 = 0 \\ 4v_1 - 4v_2 = 0 \end{cases}$$

Logo, $v^{(1)} = \begin{pmatrix} v_1 \\ v_1 \end{pmatrix} = v_1 \begin{pmatrix} 1 \\ 1 \end{pmatrix}$.

Para $v_1 = 1$, temos um autovetor igual a $v^{(1)} = \begin{pmatrix} 1 \\ 1 \end{pmatrix}$. Como uma solução do sistema é dada por $X^{(i)}(t) = v^{(i)} e^{\lambda t}$, temos:

$$X^{(1)} = \begin{pmatrix} 1 \\ 1 \end{pmatrix} e^{5t}$$

Para $\lambda_2 = -3$, temos:

$$(A + 3I)v = 0 \Rightarrow \begin{pmatrix} 1+3 & 4 \\ 4 & 1+3 \end{pmatrix} \begin{pmatrix} v_1 \\ v_2 \end{pmatrix} = \begin{pmatrix} 0 \\ 0 \end{pmatrix}$$

Desse modo, obtemos o sistema:

$$\begin{cases} 4v_1 + 4v_2 = 0 \\ 4v_1 + 4v_2 = 0 \end{cases}$$

Portanto, $v^{(2)} = \begin{pmatrix} v_1 \\ -v_1 \end{pmatrix} = v_1 \begin{pmatrix} 1 \\ -1 \end{pmatrix}$.

Para $v_1 = 1$, temos um autovetor igual a $v^{(2)} = \begin{pmatrix} 1 \\ -1 \end{pmatrix}$. Como uma solução do sistema é dada por $X^{(i)}(t) = v^{(i)} e^{\lambda t}$, temos:

$$X^{(2)} = \begin{pmatrix} 1 \\ -1 \end{pmatrix} e^{-3t}$$

Por fim, precisamos verificar se $X^{(1)}$ e $X^{(2)}$ formam uma base para o espaço solução. Para isso, usamos o wronskiano, que nos permite escrever:

$$W(X^{(1)}, X^{(2)}) = \begin{vmatrix} e^{5t} & e^{-3t} \\ e^{5t} & -e^{-3t} \end{vmatrix} \neq 0$$

Assim, $X^{(1)}$ e $X^{(2)}$ são linearmente independentes, e a solução geral é dada por:

$$X(t) = c_1 X^{(1)}(t) + c_2 X^{(2)}(t) = c_1 \begin{pmatrix} 1 \\ 1 \end{pmatrix} e^{5t} + c_2 \begin{pmatrix} 1 \\ -1 \end{pmatrix} e^{-3t}$$

6.2 Interpretação

Para explorarmos de forma mais intuitiva o contexto de sistemas autônomos, consideremos, sem perda de generalidade, o caso de duas variáveis independentes, x e y. Os argumentos que adotaremos a seguir são generalizados para mais variáveis, trocando-se o conceito de *plano* para *hiperplano*.

Assim, para apenas duas variáveis, o sistema autônomo pode ser escrito como:

$$\frac{dx}{dt} = f(x, y)$$
$$\frac{dy}{dt} = g(x, y) \quad \textbf{(VIII)}$$

Dessa forma, a posição no plano xy é dada por um vetor $\vec{p} = (x(t), y(t))$ e a velocidade é descrita pelo vetor $\vec{v} = (f, g)$. Assumimos, ainda, que as velocidades sejam suaves no plano (derivadas parciais de f e g contínuas).

Nesse contexto, são discutidas as características das soluções para esse tipo de sistema, considerando as possíveis trajetórias e os comportamentos no plano ilustrativo.

6.3 Soluções de um sistema autônomo plano

As possibilidades de comportamento da solução de um sistema autônomo como o descrito podem parecer incontáveis numa primeira análise. No entanto, esses comportamentos se resumem, na verdade, a três casos. Vejamos.

Solução constante
A partícula parte de uma posição inicial $\vec{p_0}$ e permanece nessa posição indefinidamente no tempo. A esse ponto, damos o nome de *ponto crítico*.

Solução em arco
Cumpre uma trajetória que não se autointercepta. Dessa forma, o caminho descreve uma curva plana sem laços.

Solução periódica
Caso a solução se intercepte para um determinado instante de tempo certo período após ter passado por aquela posição, voltará a passar pelo mesmo ponto após decorrido o mesmo período. É uma solução cíclica, por isso é chamada de *periódica*.

6.3.1 Estabilidade da solução

Sabendo da natureza das soluções possíveis, é natural nos perguntarmos como as condições iniciais, $\vec{p_0}$, impactam na solução encontrada. Esse questionamento dá origem ao estudo da estabilidade das soluções do sistema autônomo.

Se $\vec{p_0}$ for um ponto crítico, a discussão será trivial, pois a solução será estacionária. Portanto, voltamos o interesse para os casos em que $\vec{p_0}$ não é um ponto crítico. Nesse caso, havendo um ponto crítico, são possíveis apenas três cenários:

- A partícula parte de $\vec{p_0}$ na vizinhança de um ponto crítico $\vec{p_1}$ e converge para $\vec{p_1}$.
- A partícula parte de $\vec{p_0}$ na vizinhança de um ponto crítico $\vec{p_1}$ e orbita $\vec{p_1}$ numa trajetória cíclica.
- A partícula parte de $\vec{p_0}$ na vizinhança de um ponto crítico $\vec{p_1}$ e converge para um outro ponto crítico $\vec{p_2}$.

6.4 Sistema autônomo linear

Se particularizarmos o sistema autônomo para um caso plano linear, poderemos escrever:

$$\begin{pmatrix} \dfrac{dx}{dt} \\ \dfrac{dv}{dt} \end{pmatrix} = \begin{bmatrix} a_{11} & a_{12} \\ a_{21} & a_{22} \end{bmatrix} \begin{pmatrix} x \\ y \end{pmatrix} \quad \textbf{(IX)}$$

Ou seja, temos:

$$\vec{v} = A\vec{p}$$

Em que A é matriz de coeficientes.

Nesse ponto, devido à linearidade do sistema, podemos considerar, para fins de discussão, apenas um ponto crítico, posicionado na origem. Dessa forma, só det(A) é necessariamente não nulo.

Por vezes, é interessante interpretarmos a matriz A como associada a uma mudança linear que transforma o vetor $\vec{p}$ no vetor $\vec{v}$. Assim, o fato de essa matriz ser definida reflete justamente a restrição do ponto estacionário único à origem. Por outro lado, podemos estender essa interpretação baseada em transformações lineares para a análise dos autovalores e autovetores da matriz A.

6.5 Autovalores, autovetores e uma breve revisão de conceitos

Antes de analisarmos os possíveis casos de combinação de autovalores e autovetores de A, cabe ressaltarmos algumas lembranças.

Primeiramente, autovetores indicam as direções em que determinada transformação linear não altera a direção dos vetores que estavam naquela direção original. Assim, as direções descritas pelos autovetores podem ser consideradas direções invariantes quanto à rotação vetorial.

Nas direções definidas pelos autovetores, o efeito da transformação se resume apenas à aplicação de um fator de escala, chamado *autovalor*, que, no caso geral, é um número complexo.

Por fim, vale a observação sobre o comportamento relativo à multiplicação de números complexos. Podemos compreendê-la como sendo a parte real responsável pelo encurtamento ou alongamento do número complexo (como na reta real). A parte imaginária é responsável pelo giro (como a multiplicação por i rotaciona $\pi/2$ rad). Isso tem especial valor na interpretação geométrica das trajetórias de estabilidade.

Para auxiliar na interpretação geométrica de pontos de estabilidade, é válido imaginar que se trata de um plano flexível com curvatura variável pelo qual desliza uma pequena esfera. O estudo da estabilidade pode ser traduzido, por analogia, para o estudo da curvatura desse plano e como isso impacta a trajetória da pequena esfera.

6.6 Classificação e interpretação geométrica das formas de estabilidade

Vamos considerar o sistema de equações diferenciais bidimensional autônomo dado pela expressão:

$$\dot{X} = AX \tag{X}$$

Em que $A \in M_2(\mathbb{R})$, com $A = \begin{pmatrix} \lambda_1 & 0 \\ 0 & \lambda_2 \end{pmatrix}$; e λ_1 e λ_2 são os autovalores associados aos autovetores v_1 e v_2.

Feitas as observações pertinentes, podemos separar a análise dos autovalores de A nos casos (e subcasos) a seguir. Vejamos.

Caso 1: autovalores reais distintos

Ambos positivos: a solução se afasta do ponto crítico, pois a transformação tem comportamento expansivo, gerando uma curvatura negativa.

Ambos negativos: a solução converge para o ponto crítico, pois a transformação tem comportamento de contração, gerando uma curvatura positiva.

Figura 6.1 – $\lambda_1 > 0$ e $\lambda_2 > 0$.

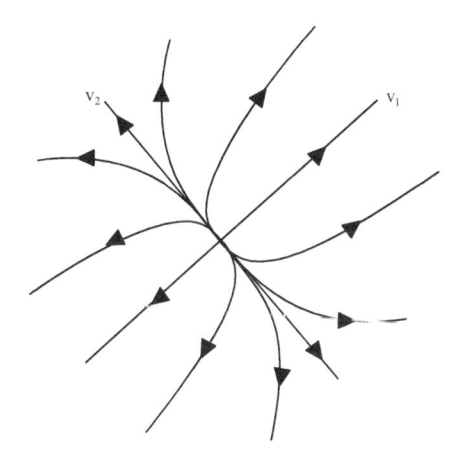

Figura 6.2 – $\lambda_1 < 0$ e $\lambda_2 < 0$.

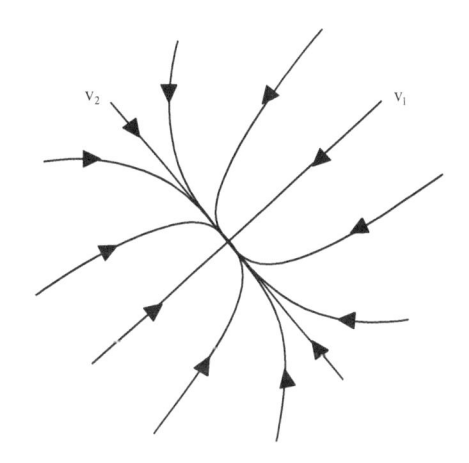

Fonte: Hanser, 2016, p. 48.

Fonte: Hanser, 2016, p. 47.

Sinais opostos: a solução tem comportamento dependente da direção de aproximação, pois a transformação se expande numa direção e contrai na outra. Assim, a curvatura é positiva numa direção e negativa na outra, gerando um ponto de cela.

Figura 6.3 – $\lambda_1 < 0 < \lambda_2$

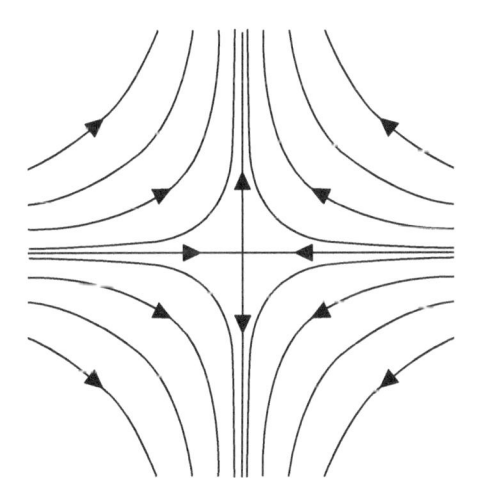

Fonte: Silva; Grapiglia, 2018, p. 9.

Caso 2: autovalores reais com múltiplos

Associados a autovetores linearmente independentes: a transformação define um plano e, portanto, o ponto crítico é estável, mas degenerado, pois a curvatura é nula.

Figura 6.4 – $\lambda_1 = \lambda_2 > 0$

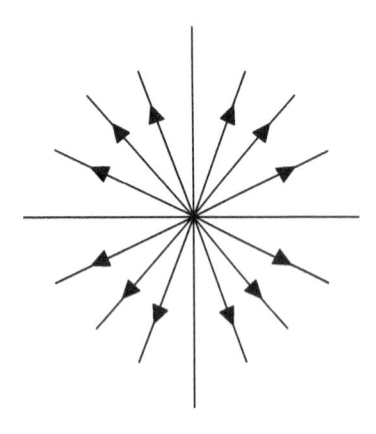

Fonte: Theodoro; Carvalho, 2018, p. 8.

Figura 6.5 – $\lambda_1 = \lambda_2 < 0$

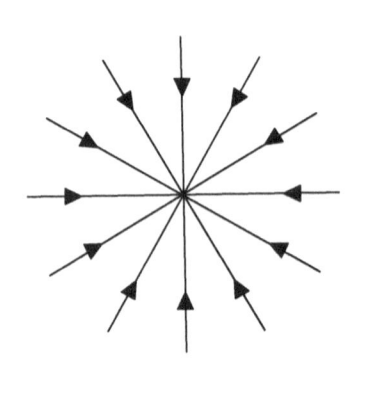

Fonte: Hanser, 2016, p. 50.

Associados a um único autovetor: o ponto crítico é degenerado, pois a curvatura é nula, mas a sua estabilidade depende do sinal do autovalor. Assim, se o autovalor for positivo, é instável degenerado; se for negativo, estável degenerado.

Figura 6.6 – $\lambda_1 = \lambda_2 > 0$

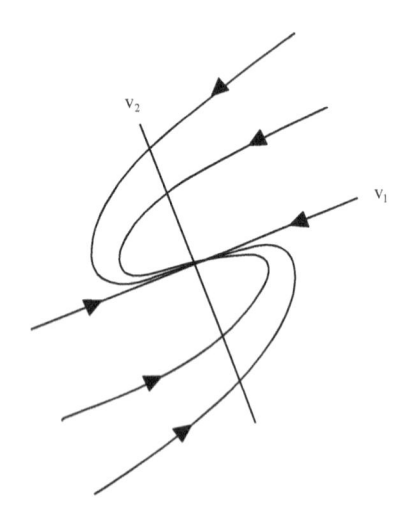

Font0e: Hanser, 2016, p. 52.

Figura 6.7 – $\lambda_1 = \lambda_2 < 0$

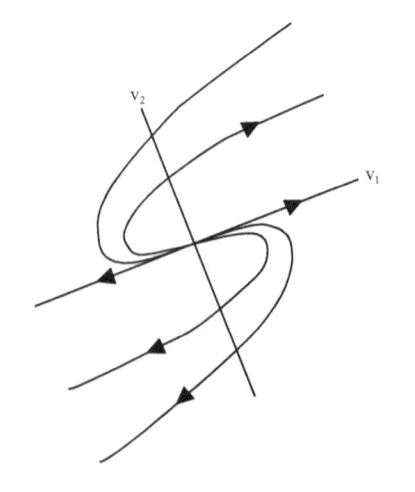

Fonte: Hanser, 2016, p. 52.

Caso 3: autovalores complexos

Imaginários puros: não há contração nem expansão, apenas rotação. Assim, a trajetória é cíclica e orbita o ponto crítico em elipses.

Figura 6.8 – Imaginário puro

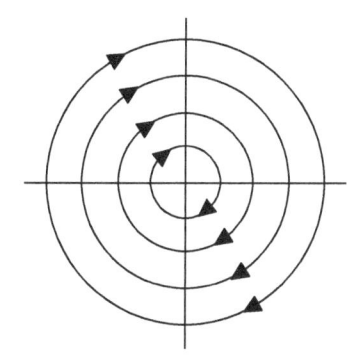

Fonte: Silva; Grapiglia, 2018, p. 9.

Com parte real não nula: a órbita gerada pela parte imaginária tende a diminuir o raio caso a parte real seja negativa e convergir para o ponto crítico, ou aumentar seu raio e divergir. Assim, o primeiro caso configura um ponto crítico em espiral estável e o segundo, um ponto crítico em espiral instável.

Figura 6.9 – Parte real não nula

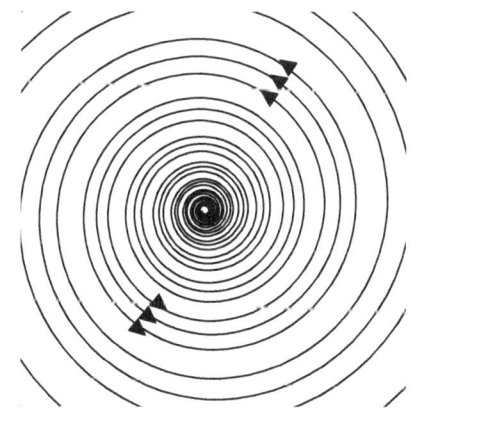

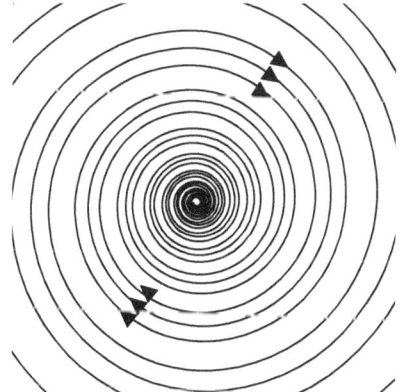

Fonte: Silva; Grapiglia, 2018, p. 9.

6.7 Linearização de um sistema não linear

No caso geral, sistemas autônomos não são lineares como discutimos anteriormente. Ou seja, a transformação é não linear na forma:

$$\vec{v} = T(\vec{p}) \tag{XI}$$

Em que a característica de não linearidade é carregada no operador T. Nesse caso, não há necessariamente apenas um ponto crítico $\overrightarrow{p_1}$ na origem e não podemos aplicar diretamente as análises desenvolvidas anteriormente.

No entanto, podemos estudar a estabilidade desses sistemas em regiões próximas aos pontos críticos por meio de uma simplificação chamada de *linearização*.

6.7.1 Linearização do operador na vizinha do ponto crítico

Para contornar a não linearidade do problema, podemos estudar o operador T numa vizinha suficientemente pequena em torno do ponto crítico $\overrightarrow{p_1}$. Assim, a expressão $\vec{v} = T(\vec{p})$ pode ser aproximada com uma expansão de Taylor de primeira ordem:

$$\vec{v} = T(\overrightarrow{p_1}) + \frac{dT}{d\vec{p}}(\vec{p} - \overrightarrow{p_1}) \tag{XII}$$

Recordando a definição do sistema, temos:

$$\frac{dx}{dt} = f(x, y)$$

$$\frac{dy}{dt} = g(x, y)$$

A matriz que lineariza a transformação T na vizinhança de $\overrightarrow{p_1}$ é, portanto:

$$A = \begin{pmatrix} \dfrac{\partial f}{\partial x} & \dfrac{\partial f}{\partial y} \\ \dfrac{\partial g}{\partial x} & \dfrac{\partial g}{\partial y} \end{pmatrix}_{\overrightarrow{p_1}} \tag{XIII}$$

Essa matriz corresponde à matriz jacobiana avaliada no ponto crítico $\overrightarrow{p_1}$. Logo, o sistema passa a ser $\vec{v} = T(\vec{p}) \approx A(\vec{p} - \overrightarrow{p_1})$ na vizinhança de $\overrightarrow{p_1}$. Dessa forma, podemos definir uma variável auxiliar $q = \vec{p} - \overrightarrow{p_1}$ e, portanto, a análise se resume ao sistema autônomo linear $\dot{q} = Aq$, com ponto crítico em $q = 0$, recaindo na teoria que já desenvolvemos.

Exemplo 6.3

Consideremos o sistema não linear autônomo:

$$\begin{cases} \dot{x} = f_1(x,y) = -y - x^3 - xy^2 \\ \dot{y} = f_2(x,y) = x - y^3 - x^2 y \end{cases} \quad \text{(XIV)}$$

Para $x^2 + y^2 \neq 0$, $f_1(x,y) = f_2(x,y) = 0$, $(x,y) = (0,0)$, em que $(0,0)$ é o ponto de equilíbrio do sistema. Este pode ser linearizado e escrito em coordenadas polares:

$$\begin{cases} \dot{r} = -r^3 \\ \dot{\theta} = 1 \end{cases}$$

Para isso, precisamos lembrar que $x = r \cos\theta$ e $y = r \sin\theta$, com $r = r(t)$, $\theta = \theta(t)$ e $r = \sqrt{x^2 + y^2}$.

6.8 Análise de estabilidade de um sistema não linear

O processo de linearização descrito no tópico anterior permite estender a teoria de estabilidade para problemas não lineares. Como vimos, a análise recai na matriz jacobiana A.

De forma sintética, dados o sistema autônomo plano

$$\vec{v} = T(\vec{p})$$

e a matriz jacobiana A em torno de um ponto crítico $\vec{p}_1$ associada ao operador T suficientemente suave, temos as seguintes situações:

- Se os autovalores complexos da matriz jacobiana apresentam parte real positiva, o ponto crítico $\vec{p}_1$ é instável. Nesse caso, o ponto crítico (ponto de equilíbrio) é chamado de *fonte*.
- Se os autovalores complexos da matriz jacobiana apresentam parte real negativa, o ponto crítico $\vec{p}_1$ é estável. Nesse caso, o ponto de equilíbrio é chamado de *poço*.
- Se os autovalores da matriz jacobiana apresentam pelo menos um autovalor com parte real positiva e pelo menos um autovalor com parte real negativa, temos um ponto de equilíbrio hiperbólico. Nesse caso, esse ponto é chamado de *ponto de sela*.

Aplicação do conhecimento

Em biologia, o modelo presa-predador é um sistema de equações diferenciais não linear conhecido como *sistema de Lotka-Volterra*. Ele consiste em duas populações, x e y, de presas e predadores respectivamente, que variam no tempo conforme o sistema não linear seguinte:

$$\frac{dx}{dt} = x(a - by)$$

$$\frac{dy}{dt} = y(cx - d)$$

Em que as constantes representam:

- a: taxa de crescimento da população de presas;
- b: taxa de decrescimento da população de presas;
- c: taxa de crescimento da população de predadores;
- d: taxa de decrescimento da população de predadores.

Com base nesse modelo, vamos discutir para quais valores das constantes de crescimento e decrescimento ocorre a extinção da população de presas, a extinção da população de predadores e o equilíbrio dinâmico entre presas e predadores.

Para isso, primeiramente devemos escrever o modelo em sua forma matricial:

$$\frac{d}{dt}\begin{pmatrix} x \\ y \end{pmatrix} = \begin{pmatrix} a & -bx \\ cy & -d \end{pmatrix}\begin{pmatrix} x \\ y \end{pmatrix}$$

Assim, a matriz de coeficientes que lineariza localmente o problema é dada por:

$$A = \begin{pmatrix} a & -bx \\ cy & -d \end{pmatrix}$$

O problema de autovalores e autovetores associados pode ser escrito como:

$$\det(A) = \det\begin{pmatrix} a - \lambda & -bx \\ cy & -d - \lambda \end{pmatrix} = 0$$

Portanto, temos o seguinte polinômio característico:

$$-(a - \lambda)(d + \lambda) - (-bx)(cy) = 0$$

$$\lambda^2 + \lambda(d - a) - ad + bcxy = 0$$

A discussão sobre a natureza das soluções para λ pode ser conduzida com a análise do discriminante da equação do segundo grau:

$$\Delta = (d + a)^2 - 4bc(xy)$$

Considerando que todas as grandezas envolvidas devem ser não negativas, pelo contexto do problema, podemos escrever:

$$\Delta = \left(a + d + 2\sqrt{bcxy}\right)\left(a + d - 2\sqrt{bcxy}\right)$$

Dessa forma, o problema terá valores iguais apenas se:

$$(d + a)^2 = 4bc(xy)$$

Do mesmo modo, terá autovalores reais apenas se $a + d > 2\sqrt{bcxy}$ e autovalores complexos apenas se $a + d < 2\sqrt{bcxy}$.

Por fim, a convexidade da transformação pode ser analisada pelo cálculo das raízes λ.

$$\lambda_{1,2} = \frac{a - d \pm \sqrt{(d + a)^2 - 4bc(xy)}}{2}$$

O estudo da influência dos coeficientes na solução do problema tem natureza teórica e consiste na aplicação direta da teoria de classificação dos pontos críticos.

Para ilustrar o problema, podemos adotar as constantes:

$a = 1$
$b = 0,5$
$c = 0,25$
$d = 0,75$

Nesse caso, o problema tem dois pontos críticos: (0, 0) e (3, 2). As órbitas podem ser geradas como apresentamos na figura a seguir.

Figura 6.10 – Órbitas do modelo

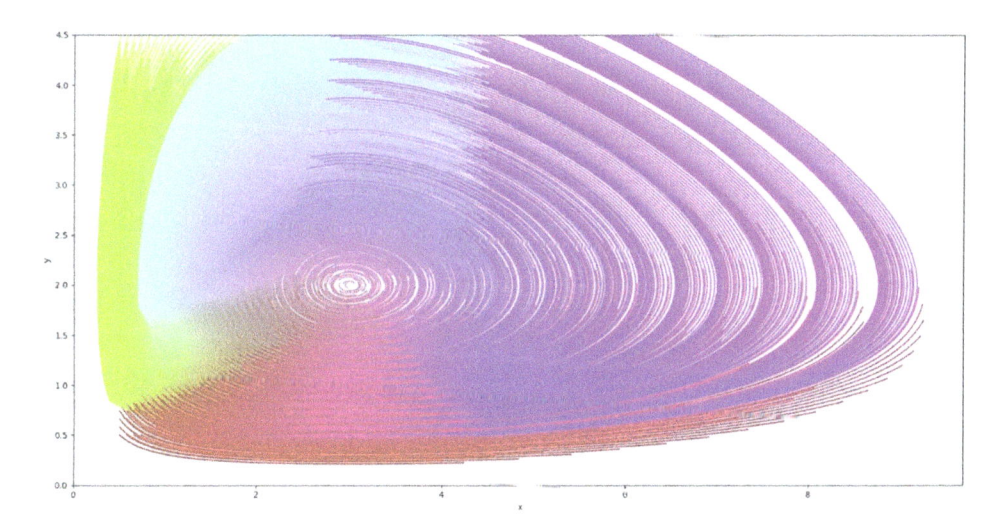

A escala de cores ajuda a ilustrar como a configuração inicial (x, y) influencia na órbita de equilíbrio das duas populações, pois cada configuração inicial está associada a uma cor específica.

Portanto, podemos observar como, para dadas constantes *a*, *b*, *c*, *d*, a configuração inicial do sistema determina diretamente a condição de equilíbrio no tempo. De forma análoga, dada uma configuração do sistema, a escolha das constantes *a*, *b*, *c*, *d* impacta diretamente as órbitas de equilíbrio, conforme os cálculos teóricos indicam.

Síntese

Neste sexto e último capítulo, apresentamos a definição de sistemas autônomos para o caso geral; depois, focamos na abordagem do sistema autônomo plano.

Vimos a estabilidade de sistemas autônomos lineares com interpretação geométrica e uma extensão da teoria para sistemas autônomos não lineares, com base no processo de linearização do operador não linear.

Para se aprofundar nos temas discutidos nesta seção, consulte as obras de Leon, Bica e Hohn (1980), Boyce e DiPrima (1985) e Burden e Faires (2008).

Atividades de autoavaliação

1) Considere um sistema bidimensional autônomo dado por $\begin{cases} \dot{x} = x + 2y \\ \dot{y} = 8x + y \end{cases}$.

   Assinale a alternativa que representa a solução geral para esse sistema:

   a. $X(t) = c_1 \begin{pmatrix} 1 \\ 2 \end{pmatrix} e^{5t} + c_2 \begin{pmatrix} 1 \\ -2 \end{pmatrix} e^{-3t}$

   b. $X(t) = c_1 \begin{pmatrix} 1 \\ 2 \end{pmatrix} e^{5t} + c_2 \begin{pmatrix} -1 \\ -2 \end{pmatrix} e^{3t}$

   c. $X(t) = c_1 \begin{pmatrix} 1 \\ 2 \end{pmatrix} e^{-5t} + c_2 \begin{pmatrix} 1 \\ 2 \end{pmatrix} e^{3t}$

   d. $X(t) = c_1 \begin{pmatrix} 1 \\ 1 \end{pmatrix} e^{5t} + c_2 \begin{pmatrix} 1 \\ -2 \end{pmatrix} e^{-3t}$

   e. $X(t) = c_1 \begin{pmatrix} 1 \\ -2 \end{pmatrix} e^{5t} + c_2 \begin{pmatrix} 1 \\ 2 \end{pmatrix} e^{-3t}$

2) Podemos classificar os sistemas autônomos de acordo com algumas características dos autovalores que os representam. Seja uma matriz $A = \begin{pmatrix} \lambda_1 & 0 \\ 0 & \lambda_2 \end{pmatrix}$, com autovetores v_1 e $v_2 \in \mathbb{R}^2$ associados aos autovalores λ_1 e $\lambda_2 \in \mathbb{R}$. A solução geral de uma equação diferencial do tipo $\dot{X} = AX$ é escrita na forma $X(t) = c_1 e_1^{(\lambda_1 t)} v_1 + c_2 e_2^{\lambda_2 t} v_2$, com $c_1, c_2, t \in \mathbb{R}$.

Marque a alternativa com a análise correta dos autovalores associados a esse tipo de sistema autônomo:

a. Para autovalores reais distintos e positivos, temos uma curvatura positiva.
b. Para autovalores complexos (imaginários) puros, não há contração nem expansão, apenas rotação.
c. Para autovalores complexos com parte real não nula, a órbita gerada pela parte imaginária tende a aumentar seu raio.
d. Para autovalores reais com múltiplos associados a autovetores linearmente independentes, o ponto crítico é estável degenerado.
e. Para autovalores reais distintos e positivos, a transformação tem comportamento de expansão.

3) Sejam o sistema autônomo não linear dado por $\dot{x} = f(x)$, em que $f: D \rightarrow \mathbb{R}^n$ e D é um sistema aberto de $\mathbb{R}^n$, e a função $f(x) = \begin{pmatrix} x_1^2 + x_2^2 - 1 \\ 2x_2^2 \end{pmatrix}$.

Assinale a alternativa que apresenta a classificação correta do ponto de equilíbrio desse sistema:

a. $(-1, 0)$ é um ponto de sela.
b. $(1, 0)$ é um ponto de sela.
c. $(-2, 0)$ é uma fonte.
d. $(2, 2)$ é um poço.
e. $(2, 2)$ é um ponto de sela.

4) Seja o sistema de equações não linear autônomo dado por:

$$\begin{cases} x' = -y - x\sqrt{x^2 + y^2} \\ y' = x - y\sqrt{x^2 + y^2} \end{cases}$$

Agora, analise as afirmações a seguir e, depois, marque a alternativa que apresenta a resposta correta:

I. Esse sistema de equações pode ser escrito em coordenadas polares como:
$$\begin{cases} O' = 1 \\ r' = -r^2 \end{cases}.$$

II. $O(t) = t$ e $r(t) = \left(t + \dfrac{1}{r_0}\right)^{-1}$ são equações polares paramétricas da solução do sistema.

III. No instante $t = 0$, as equações polares paramétricas passam pelo ponto (r_0, O_0).

IV. A curva formada é uma espiral.

a. Apenas a afirmação I está correta.
b. Apenas a afirmação II está correta.
c. As afirmações I e III estão corretas.
d. As afirmações II e IV estão corretas.
e. Todas as afirmações estão corretas.

5) Seja um sistema autônomo da forma $\dot{X} = AX$, em que A é uma matriz na forma $A = \begin{bmatrix} 1 & 3 \\ 0 & -2 \end{bmatrix}$. Assinale a alternativa que apresenta uma solução e^{At} para a equação diferencial:

a. $x_1(t) = e^{-t}\begin{pmatrix} -1 \\ 1 \end{pmatrix}$ e $x_2(t) = e^{t}\begin{pmatrix} 1 \\ 0 \end{pmatrix}$

b. $x_1(t) = e^{-2t}\begin{pmatrix} -1 \\ 1 \end{pmatrix}$ e $x_2(t) = e^{2t}\begin{pmatrix} 1 \\ 0 \end{pmatrix}$

c. $x_1(t) = e^{-3t}\begin{pmatrix} -1 \\ 1 \end{pmatrix}$ e $x_2(t) = e^{t}\begin{pmatrix} 1 \\ 0 \end{pmatrix}$

d. $x_1(t) = e^{t}\begin{pmatrix} -1 \\ 1 \end{pmatrix}$ e $x_2(t) = e^{t}\begin{pmatrix} 1 \\ 0 \end{pmatrix}$

e. $x_1(t) = e^{-2t}\begin{pmatrix} -1 \\ 1 \end{pmatrix}$ e $x_2(t) = e^{t}\begin{pmatrix} 1 \\ 0 \end{pmatrix}$

Atividades de aprendizagem

Questões para reflexão

1) Problemas considerados sistemas autônomos podem ser avaliados usando conceitos da álgebra linear, que, associados às definições da área de equações diferenciais, nos permitem não só classificá-los como também resolvê-los com maior agilidade. Pesquise conceitos que se enquadram nesse tipo de análise e que envolvam não só a teoria para as equações diferenciais, mas também outras áreas da matemática.

2) A representação das órbitas de um sistema de equações diferenciais autônomo, com indicação do sentido do movimento, no conjunto domínio é chamada de *retrato de fase*. O retrato de fase pode auxiliar em qual tipo de conclusão sobre o sistema de equações diferenciais analisado?

Atividade aplicada: prática

1) Boa parte dos problemas aplicados recaem em equação diferenciais não lineares, que podem ser também sistemas autônomos. Um exemplo desse contexto são sistemas biológicos de reprodução e sistemas do tipo presa-predador. Equações com esse perfil podem ter mais de um ponto crítico diferente de zero. Esse é um conceito que não foi aprofundado nesta obra, mas é de grande interesse de estudo, justamente pela possibilidade de aplicação. Pesquise mais sobre o assunto e registre sua análise.

Considerações finais

Nos capítulos deste livro, percorremos métodos numéricos que englobam desde a solução de equações diferenciais ordinárias (EDOs) até equações diferenciais parciais (EDPs).

Vimos métodos de passo único e de múltiplos passos para EDOs e também métodos de diferenças finitas, além de uma introdução aos elementos finitos, que são consagrados para solução de EDPs.

Tentamos trazer um pouco da visualização geométrica de muitos desses métodos, pois acreditamos que isso facilita o entendimento. Buscamos, ainda, mostrar um pouco da implementação computacional, pois, quando o assunto é resolução numérica, nada se faz sem uma boa implementação. As aplicações ao final de cada capítulo demonstram a teoria revisada e permitem ter contato com o que se faz na prática com o conhecimento, para que possamos compreender melhor o desenvolvimento teórico. Ou seja, teoria complementa prática e prática complementa teoria.

Existem vários motivos para se escrever um livro. Acreditamos que, independentemente do fato de o autor ser contratado para escrever sobre determinado tema ou de ter dedicado sua vida ao aprimoramento de um conceito e, por isso, querer compartilhar seus estudos, uma coisa é certa: todo livro é escrito com a intenção de melhorar e complementar o tema escolhido.

Com novas abordagens, sistematizações ou uma nova visão metodológica, a intenção sempre é passar conhecimento de uma forma que outros ainda não fizeram. Este livro não poderia ser diferente. A teoria nessa área já está bastante consolidada, e muitas referências existem para serem consultadas e complementarem este material. Então, por que mais um livro sobre métodos numéricos? Porque acreditamos que existam diferentes linhas de raciocínio para se abordar determinado conteúdo.

Dessa forma, não temos aqui a pretensão de fazer um grande aprofundamento em cada um dos métodos, e sim de que o leitor se sinta confortável com o que está lendo e possa, por meio das indicações de referências, ampliar o conhecimento que estamos propondo.

Por fim, e não menos importante, sugerimos, ao final de cada capítulo, exercícios que auxiliam no aprendizado e na compreensão, que são fortalecidos quando conseguimos manter o tripé da conceituação, da manipulação e da aplicação.

Referências

ANDRADE, L. N. de. **Cálculo numérico**: introdução à matemática computacional – versão 2.0. 28 jul. 2016. Disponível em: <http://www.mat.ufpb.br/lenimar/textos/numerv2.pdf>. Acesso em: 7 maio 2020.

ARNDT, M. **Método dos elementos finitos I**: introdução, teoria e aplicações. 11 jun. 2012. Disponível em: <https://drive.google.com/file/d/0B554a1OpUGTdVzZTbDVJTFJSN3M/view>. Acesso em: 7 maio 2020.

ASANO, C. H.; COLLI, E. **Cálculo numérico**: fundamentos e aplicações. 9 dez. 2009. Disponível em: <https://www.academia.edu/36816821/Cálculo_Numérico_Fundamentos_e_Aplicações>. Acesso em: 29 jun. 2019

ATKINSON, K.; HAN, W.; STEWART, D. **Numerical Solution of Ordinary Differential Equations**. Iowa: Wiley Interscience, 2009.

BIEZUNER, R. J. **Equações diferenciais numéricas**. Notas de aula. 9 nov. 2015. Disponível em: <https://docplayer.com.br/51961393-Notas-de-aula-equacoes-diferenciais-numericas.html>. Acesso em: 7 maio 2020.

BOYCE, W. E.; DIPRIMA, R. C. **Equações diferenciais elementares e problemas de valores de contorno**. Rio de Janeiro: Guanabara Dois, 1985.

BREZIS, H. **Functional Analysis, Sobolev Spaces and Partial Differential Equations**. New York: Springer Science & Business Media, 2010.

BURDEN, R. L.; FAIRES, J. D. **Análise numérica**. 8. ed. São Paulo: Cengage Learning, 2008.

BURDEN, R. L.; FAIRES, J. D. **Análise numérica**. São Paulo: Pioneira Thomson Learning, 2003.

BUTCHER, J. C.; GOODWIN, N. **Numerical Methods for Ordinary Differential Equations**. 2. ed. New York: Wiley, 2008.

CAMPOS FILHO, F. F. **Algoritmos numéricos**. 2. ed. Rio de Janeiro: LTC, 2007.

CASTANHARO, G. **Aplicação de modelos hidrodinâmicos no contexto de previsão de afluências a reservatórios**. Dissertação (Mestrado em Engenharia Hidráulica) – Universidade Federal do Paraná, Curitiba, 2003.

CHAPRA, S. C. **Applied Numerical Methods with MATLAB for Engineers and Scientists**. 3. ed. Columbus: McGraw-Hill, 2012.

CHAPRA, S. C.; CANALE, R. P. **Métodos numéricos para engenharia**. Tradução de Helena Castro. São Paulo: McGraw-Hill, 2008.

DOERING, C. I.; LOPES, A. O. **Equações diferenciais ordinárias**. 6. ed. Rio de Janeiro: Impa, 2016. (Coleção Matemática Universitária).

FIGUEIREDO, D. G.; NEVES, A. F. **Equações diferenciais aplicadas**. Rio de Janeiro: Impa, 1997.

FONTANA, É. **Métodos numéricos em Engenharia Química**. 2018. Disponível em: <http://fontana.paginas.ufsc.br/files/2018/03/parteI_metNum.pdf>. Acesso em: 7 maio 2020.

FRANCO, N. B. **Cálculo numérico**. São Paulo: Pearson, 2006.

GERSHENFELD, N. **The Nature of Mathematical Modeling**. Cambridge: Cambridge University Press, 1999.

GUIDORIZZI, H. L. **Um curso de cálculo**. 5. ed. Rio de Janeiro: LTC, 2011. v. 3.

HANSER, É. de T. **Equações diferenciais autônomas e aplicações**. 87 f. Dissertação (Mestrado em Matemática) – Universidade Estadual Paulista, Rio Claro, 2016. Disponível em: <https://repositorio.unesp.br/bitstream/handle/11449/140271/hanser_et_me_rcla.pdf;jsessionid=FA5AD5759B61119360FF6BEF184062D9?sequence=3>. Acesso em: 21 nov. 2020.

JUSTO, D. A. R. et al. **Cálculo numérico**. 19 ago. 2020. Disponível em: <https://www.ufrgs.br/reamat/CalculoNumerico/livro-py/livro-py.pdf>. Acesso em: 7 maio 2020.

KUTTA, W. Beitrag zur Näherungweisen Integration Totaler Differentialgleichungen. **Zeitschrift für Mathematik und Physik**, v. 46, p. 435-453, 1901.

LEON, S. J.; BICA, I.; HOHN, T. **Linear Algebra with Applications**. New York: Macmillan, 1980.

LIMA, E. L. **Curso de análise**. 14. ed. Rio de Janeiro: Impa, 2016. v. 1.

MIRZAKHANI, M. Coletiva de imprensa. **IranWire**. 2014. Disponível em: <https://www.youtube.com/watch?v=ffh4Oe-k-kQ>. Acesso em: 2 out. 2020.

MEDEIROS, A. A.; OLIVEIRA, M. de L. **Equações diferenciais ordinárias**. Disponível em: <http://www.mat.ufpb.br/milton/disciplinas/edo/livro_edo.pdf>. Acesso em: 7 maio 2020.

ROSSEAL, P. V.; BRANDI, A. C.; BERLANDI, L. B. **Aplicação do método de Adams-Bashforth-Moulton de 4ª ordem na solução de equação diferencial ordinária**. Disponível em: <http://prope.unesp.br/cic/admin/ver_resumo.php?area=100087&subarea=26825&congresso=38&CPF=42659918821>. Acesso em: 7 maio 2020.

RUNGE, C. Über die numerische Auflösung von Differentialgleichungen. **Mathematische Annalen**, v. 46, n. 2, p. 167-178, 1895.

SANCHES, C. A. A.; BEZERRA, J. de M. **Matemática computacional**. Disponível em: <http://www.comp.ita.br/~alonso/ensino/CCI22/cci22-cap8.pdf>. Acesso em: 7 maio 2020.

SILVA, F. de Á.; GRAPIGLIA, G. N. **Equações diferenciais**: do cálculo diferencial, passando pela álgebra linear e chegando ao estudo de genes. 2018. Disponível em: <https://docs.ufpr.br/~fernando.avila/sem2-2018/CM050/Apostila.pdf>. Acesso em: 20 nov. 2020.

SOTOMAYOR TELLO, J. M. **Lições de equações diferenciais ordinárias**. Rio de Janeiro: Impa, 1979.

THEODORO, M. M.; CARVALHO, T. de. Análise de retratos de fase. **Revista Eletrônica Paulista de Matemática**, v. 13, dez. 2018. Disponível em: <https://www.fc.unesp.br/Home/Departamentos/Matematica/revistacqd2228/v13a01ic-analise-de-retratos-de-fase.pdf>. Acesso em: 20 nov. 2020.

UFRGS – Universidade Federal do Rio Grande do Sul. **Método de Adams-Moulton**. 9 jan. 2020a. Disponível em: <https://www.ufrgs.br/reamat/CalculoNumerico/livro-oct/pdvi-metodo_de_adams-moulton.html>. Acesso em: 7 maio 2020.

UFRGS – Universidade Federal do Rio Grande do Sul. **Métodos de Runge-Kutta explícitos**. 9 jan. 2020b. Disponível em: <https://www.ufrgs.br/reamat/CalculoNumerico/livro-oct/pdvi-metodos_de_runge-kutta_explicitos.html>. Acesso em: 7 maio 2020.

ZILL, D. G.; CULLEN, M. R. **Equações diferenciais**. Tradução de Antonio Zumpano. São Paulo: Pearson Makron Books, 2001. v. 2.

Bibliografia comentada

ATKINSON, K.; HAN, W.; STEWART, D. **Numerical Solution of Ordinary Differential Equations**. Iowa: Wiley Interscience, 2009.

> Esse livro é uma versão ampliada das notas de aula utilizadas pelos autores em cursos de EDOs para estudantes de graduação em Matemática, Engenharia e Ciências. O livro aborda a teoria dos métodos numéricos para EDOs e também fornece informações sobre o que esperar ao aplicá-los. Com bastante cuidado, trata ainda dos critérios de estabilidade da equação diferencial.

BOYCE, W. E.; DIPRIMA, R. C. **Equações diferenciais elementares e problemas de valores de contorno**. Rio de Janeiro: Guanabara Dois, 1985.

> Essa obra é uma referência básica em diversos cursos de equações diferenciais, pois tem um caráter didático e conceitual apurado e traz muitos exemplos resolvidos, além de aplicações na área.

BREZIS, H. **Functional Analysis, Sobolev Spaces and Partial Differential Equations**. 2. ed. New York: Springer Science & Business Media, 2010.

> Trata-se de uma obra que serve de embasamento teórico para as EDPs. Aborda operadores e a ideia de soluções analíticas para esse tipo de equação. É um livro com aprofundamento teórico e muito completo, adotado em cursos de graduação e pós-graduação.

BURDEN, R. L.; FAIRES, J. D. **Análise numérica**. São Paulo: Cengage Learning, 2008.

> Alguns livros são clássicos na área de métodos numéricos, e essa obra é um desses casos. Adotado em muitos cursos de métodos numéricos e análise numérica em diversas instituições do país e fora dele, aborda um grande número de métodos, não só voltados para equações diferenciais, mas também para outras áreas da análise numérica.

BUTCHER, J. C.; GOODWIN, N. **Numerical Methods for Ordinary Differential Equations**. 2 ed. New York: Wiley, 2008.

> Fazemos referência ao trabalho de Butcher e em alguns momentos trazemos uma notação específica apresentada por ele, como a matriz de Butcher, vista nos métodos de Runge-Kutta. Dessa forma, o livro de Charles Butcher e Nicolette Goodwin não poderia faltar em nossas referências como embasamento de muitos dos métodos apresentados.

CAMPOS FILHO, F. F. **Algoritmos numéricos**. 2. ed. Rio de Janeiro: LTC, 2007.

> Essa obra pode ser entendida como um resumo dos métodos numéricos, pois o seu enfoque não está no método, mas sim nos algoritmos que podem ser escritos a partir deles – e, claro, na possibilidade de implementação computacional. O livro traz exemplos resolvidos computacionalmente com muitas iterações, que só seriam possíveis com o auxílio de computadores.

CASTANHARO, G. **Aplicação de modelos hidrodinâmicos no contexto de previsão de afluências a reservatórios**. Dissertação (Mestrado em Engenharia Hidráulica) – Universidade Federal do Paraná, Curitiba, 2003.

> Esse trabalho não é um livro sobre métodos numéricos ou análise numérica. No entanto, traz de forma didática a teoria do método das diferenças finitas.

CHAPRA, S. C. **Applied Numerical Methods with MATLAB for Engineers and Scientists**. 3. ed. Columbus: McGraw-Hill, 2012.

> Trata-se de uma das grandes obras da análise numérica. O autor trabalha não só com métodos numéricos de uma perspectiva original, mas também traz aplicações com implementação computacional, fundamentais quando o assunto é a resolução de um método numérico. Dessa forma, o leitor pode entender os conceitos matemáticos e visualizar a resolução de problemas nas mais diversas áreas, como física, engenharia e outras. É uma obra recheada de aplicações e de fácil entendimento, inclusive para leitores autodidatas e estudantes que estão descobrindo o mundo dos métodos numéricos.

DOERING, C. I.; LOPES, A. O. **Equações diferenciais ordinárias**. 6. ed. Rio de Janeiro: Impa, 2016. (Coleção Matemática Universitária).

> Obra baseada nos anos em sala de aula que os autores tiveram ao lecionar a disciplina de Equações Diferenciais Ordinárias. Por esse motivo, é escrita com bastante rigor matemático, porém de fácil leitura e interpretação. Com sua experiência como professores, Doering e Lopes puderam identificar as dificuldades encontradas no ensino dos conceitos e se propuseram a minimizar isso no texto.

FIGUEIREDO, D. G.; NEVES, A. F. **Equações diferenciais aplicadas**. Rio de Janeiro: Impa, 1997.

> Esse livro aborda o conceito de equação diferencial. É uma obra importante porque, sem esse conceito muito bem concebido, não conseguimos falar em métodos numéricos para solução desse tipo de equação. Além disso, a obra traz aplicações resolvidas com o detalhamento necessário para um curso de graduação.

FRANCO, N. B. **Cálculo numérico**. São Paulo: Pearson, 2006.
> De caráter enxuto, mas uma obra completa e que auxilia no entendimento dos métodos numéricos. É um livro adotado não só em cursos de graduação, mas também na pós-graduação.

GERSHENFELD, N. **The Nature of Mathematical Modeling**. Cambridge: Cambridge University Press, 1999.
> Essa obra explica modelos matemáticos na natureza e sua implementação nas mais diversas áreas. Cada capítulo poderia ser um livro específico, pois aborda o modelo, o método numérico e a implementação, mas o autor conseguiu resumir diversos modelos aplicados na natureza de forma que os leitores possam utilizar essas teorias em áreas correlatas.

GUIDORIZZI, H. L. **Um curso de cálculo**. 5. ed. Rio de Janeiro: LTC, 2011. v. 3.
> Os livros desse autor são um clássico nas referências bibliográficas dos cursos de cálculo em todo o Brasil. O volume 3 dessa coleção traz a teoria para funções de diversas variáveis e importantes teoremas do cálculo integral.

HANSER, É. de T. **Equações diferenciais autônomas e aplicações**. 87 f. Dissertação (Mestrado em Matemática) – Universidade Estadual Paulista, Rio Claro, 2016. Disponível em: <https://repositorio.unesp.br/bitstream/handle/11449/140271/hanser_et_me_rcla.pdf;jsessionid=FA5AD5759B61119360FF6BEF184062D9?sequence=3>. Acesso em: 21 nov. 2020.
> Essa dissertação faz uma revisão teórica que se enquadra perfeitamente no último capítulo deste livro, pois trata especificamente das equações diferenciais autônomas.

JUSTO, D. A. R. et al. **Cálculo numérico**. 19 ago. 2020. Disponível em: <https://www.ufrgs.br/reamat/CalculoNumerico/livro-py/livro-py.pdf>. Acesso em: 7 maio 2020.
> Esse livro aborda o conceito de métodos numéricos, com exemplos e implementações. O material foi criado por professores da Universidade Federal do Rio Grande do Sul (UFRGS), mas está aberto num endereço eletrônico, no qual outros autores podem enriquecê-lo. Também traz implementações dos métodos em três linguagens abertas diferentes: Python, Scilab e Gnu Octave.

KUTTA, W. Beitrag zur Näherungweisen Integration Totaler Differentialgleichungen. **Zeitschrift für Mathematik und Physik**, v. 46, p. 435-453, 1901.

> Da mesma forma que se faz na obra de Butcher, o trabalho de Carl Runge e de Wilhelm Kutta não poderia faltar nessa obra, que destina muitas seções aos métodos desenvolvidos por esses dois pesquisadores e matemáticos alemães.

LEON, S. J.; BICA, I.; HOHN, T. **Linear Algebra with Applications**. New York: Macmillan, 1980.

> É uma das referências na área de álgebra linear. Aborda conceitos não só da álgebra linear, mas também das aplicações que a envolvem. É um livro muito completo e didático.

LIMA, E. L. **Curso de análise**. 14. ed. Rio de Janeiro: Impa, 2016. v. 1.

> Essa obra integra uma coleção do Instituto de Matemática Pura e Aplicada chamada *Projeto Euclides*. Foi criada com foco em alunos de graduação e pós-graduação. Escrita pelo saudoso professor Elon Lages Lima, é riquíssima em detalhes e exemplos e pode ser complementada com os volumes 2 e 3. Foi adotada como referência para embasar conceitos e estruturar as teorias desenvolvidas neste livro em uma base matemática sólida.

MEDEIROS, A. A.; OLIVEIRA, M. de L. **Equações diferenciais ordinárias**. Disponível em: <http://www.mat.ufpb.br/milton/disciplinas/edo/livro_edo.pdf>. Acesso em: 7 maio 2020.

> Esse livro traz conceitos que embasam a teoria das equações diferenciais. Seus teoremas e suas provas matemáticas, necessários para um melhor entendimento dos métodos numéricos, são tratados com notação simples e fácil de ser compreendida.

RUNGE, C. Über die numerische Auflösung von Differentialgleichungen. **Mathematische Annalen**, v. 46, n. 2, p. 167-178, 1895.

> O original de Runge também não poderia faltar nas nossas indicações. Apesar de referenciarmos muitas obras que trazem os métodos de Runge, é sempre muito interessante olhar a versão original, da mesma forma que sugerimos para outras obras aqui indicadas.

SANCHES, C. A. A.; BEZERRA, J. de M. **Matemática computacional**. Disponível em: <http://www.comp.ita.br/~alonso/ensino/CCI22/cci22-cap8.pdf>. Acesso em: 7 maio 2020.

> Obra produzida para a disciplina de Matemática Computacional ofertada no Instituto Tecnológico da Aeronáutica (ITA). Constitui-se num riquíssimo material, que engloba conceitos da apresentação e representação de números até as EDOs.

SOTOMAYOR TELLO, J. M. **Lições de equações diferenciais ordinárias**. Rio de Janeiro: Impa, 1979.

> Este livro traz, de maneira simples e resumida, as primeiras lições necessárias para alunos de graduação sobre as EDOs. Por ser uma obra de fácil acesso e leitura, é adotada em diversas universidades como referencial para disciplinas que abordem o tema.

Respostas

CAPÍTULO 1

1) e
2) d
3) b
4) b
5) a

CAPÍTULO 2

1) b
2) d
3) e
4) a
5) a

CAPÍTULO 3

1) c
2) e
3) a
4) d
5) c

CAPÍTULO 4

1) b
2) e
3) d
4) e
5) a

CAPÍTULO 5

1) c
2) a
3) d
4) e
5) c

CAPÍTULO 6

1) a
2) b
3) a
4) e
5) e

Sobre a autora

Marina Vargas tem graduação em Matemática pela Universidade Paranaense (2003) e especialização em Educação Matemática pela mesma instituição (2005). Mestra e doutora pelo Programa de Pós-Graduação em Métodos Numéricos em Engenharia (PPGMNE), vinculado aos Departamentos de Matemática e Construção Civil da Universidade Federal do Paraná (UFPR), ambos os projetos desenvolvidos na área de concentração em Programação Matemática com foco em Matemática Aplicada. Já atuou nos seguintes temas: inteligência artificial, simulação do tráfego pedonal e desenvolvimento de modelos físico-matemáticos para descrever o fluxo de tráfego de pedestres em situações de pânico. Desenvolveu projeto de pós-doutoramento em Biomecânica, quando pesquisou a utilização do método de lattice Boltzmann (LBM) para a avaliação do fluxo sanguíneo em artérias do corpo humano.

Atualmente, pesquisa metodologias ativas de aprendizagem (MetA-Aprendizagem) e ensino híbrido na área de educação matemática e educação em engenharia. Lecionou em cursos de graduação presenciais e a distância (EaD). Participa da produção de materiais para a EaD de diversos cursos (Matemática, Física, Engenharias, Administração, Ciências Contábeis, Gestão Financeira, Marketing, Recursos Humanos, Ciência de Dados e Inteligência Artificial) voltados para a área de ciências exatas e tecnologia.

Os papéis utilizados neste livro, certificados por instituições ambientais competentes, são recicláveis, provenientes de fontes renováveis e, portanto, um meio **respons**ável e natural de informação e conhecimento.

FSC
www.fsc.org
MISTO
Papel produzido a partir de fontes responsáveis
FSC® C103535

Impressão: Reproset
Julho/2021